真理一旦被探知，就變得通俗易懂。
關鍵在於探索的過程。

—— 伽利略（Galileo Galilei，1564–1642）

你不問，還真不知道的為什麼

BBC
生活科學
講堂2

CONTENTS

專家坐鎮，
解開你
滿腹的疑問

Abigail Beall
科學、太空作家

Alastair Gunn
天文、天體物理學家

**Alexandra
Cheung**
環境、氣候專家

Alice Gregory
心理學家
睡眠專家

Charlotte Corney
動物園主任
保育人士

Christian Jarrett
神經科學家
心理學家

Emma Davies
健康專家
科學作家

Helen Pilcher
生物學家
科學作家

Helen Scales
海洋生物學家
作家

Jeremy Rossman
病毒與疾病專家

Jules Howard
動物學家
科學作家

Luis Villazon
科學、科技作家

Peter J. Bentley
電腦科學家

Robert Matthews
物理學家、科學作家

Stuart Clark
天文、天體物理學家

Q&A

CHAPTER 01

生命科學
共生共榮好夥伴

Q 植物為什麼不會曬傷？

A 大約7億年前，植物開始登陸，這個關鍵在於它們抵擋太陽紫外光的適應能力改變，此前海中植物都是靠海水保護。2011年，科學家已知植物細胞中的UVR8蛋白質能偵測到波長較短的UVB紫外光，這種紫外光是造成曬傷的主因。UVR8 蛋白質讓細胞開始製造阻止紫外光傷害及修復DNA損傷的物質，2014年美國普渡大學確定其中有種芥子酰基蘋果酸（sinapoyl malate）能藉助量子力學效應來吸收UVB。陸地上所有植物和藻類似乎都具有製造這種天然防曬物質的能力，代表它是相當古老的適應作用。不過，太陽並非對植物完全無害，長期接觸強烈日光中的UVB，會造成植物葉片和表皮細胞損傷，缺水時情況則更加嚴重，因為此時輸送化學物質的能力也會降低，難以將其送往傷害最大的部位。諷刺的

是，許多園藝師傅認為如果在正午陽光下給植物澆水，水滴可能產生透鏡效果，使日光聚焦在葉片表面造成曬傷，但早在2011年，匈牙利羅蘭大學的研究人員就打破了這個迷思。他們以電腦模型進行實驗，證明水的折射率太低，無法使日光聚焦在葉片表面。

Q 植物會互相溝通嗎？

A 植物似乎不會聊天，但它們之間確實會靜靜地互通訊息。土壤中大多數植物的根會以真菌絲分支互相溝通，稱為「菌根」。這種方式可讓雙方得利，真菌提供土壤中的養分，植物則提供光合作用製造的糖。但真菌不只跟單一植物互動，而會形成遍布整片森林的龐大網路。植物學家現在知道，植物能透過這個「樹聯網」（Wood Wide Web）互相傳遞養分和化學物質。

Q 植物會思考嗎？

A 植物沒有中樞神經系統，所以不可能思考（依據我們一般的定義），但植物能感知周遭環境，反應昆蟲攻擊，甚至能做出少許動作。這類反應的觸發方式都是化學訊號，而不是神經脈衝，所以比較接近免疫系統或無意識的荷爾蒙反應，而不是有意識或刻意的思想。

Q 無籽葡萄是怎麼培育出來的？

A 市售的葡萄大多不是由種子發育的。即使是蘋果與櫻桃這些仍含有籽的水果，其實也是由插條所繁殖，如此才能確保植株與母株的基因完全相同。無籽葡萄原本是幼籽無法成熟與長出硬殼的自然突變種。不過，無籽葡萄偶爾還是會長出少許的種子，可用來培育新品種。

Q 為什麼檸檬是黃色，萊姆是綠色？

A 柑橘類水果還沒採收時都是綠色的。檸檬成熟時，所含的葉綠素被花青素取代，所以綠色會逐漸消失。許多種萊姆如果留在樹上不摘下來，時間久了也會變黃，但因為成熟的柑橘類水果太軟，不適合運輸，所以農民會在萊姆尚未成熟、還是綠色時就採收。

柳橙和檸檬在運送到超市途中還會持續成熟，但由於某些生物學因素，萊姆採收下來後就不會繼續成熟了。

檸檬，萊姆，傻傻分不清楚？

Q 四葉苜蓿為什麼這麼少見？

A 植物和動物一樣，基因位於細胞核中小小的DNA上。人類的染色體是兩兩成對的，但苜蓿細胞中染色體共有四組。產生四葉苜蓿的基因為隱性，代表它的四個染色體必須都是四葉基因，才會長出四片葉子，即使如此，溫度和土壤酸度等環境因素也會影響四葉苜蓿是否出現。2017年一項調查推測，四葉苜蓿的出現機率大約是5,000分之一，此外也確實容易成群出現。

Q 樹葉為什麼演化出這麼多形狀？

A 樹葉的功能不僅吸收日光進行光合作用，還得輸送營養、吸收二氧化碳和氧、嚇阻動物取食；要釋出水分，藉蒸發作用冷卻植物；還須結實強韌，抵擋風吹雨打。這些各式各樣的問題須同時解決，每種植物又根據不同的環境需求各有優先考量。儘管如此，和千篇一律的針葉樹和蕨類相比，開花植物能演化出如此多樣的葉形變化，仍令人為之驚艷。例如，盆栽中常見的天竺葵都是同一屬（*Pelargonium*）植物，但不同種的葉片形狀差別很大，從纖細長形到寬大的心形不等。這種狀況如何發生依然是熱門研究主題，但開花植物似乎有幾個重要的「結構基因」，只要少許突變，就能使葉形出現大幅改變。

Q 蝗蟲為什麼會成群出現？

A 自從人類開始種田以來，蝗蟲就一直在造成饑荒。蝗群會突然出現，摧毀大片面積的作物，2019年6月，一場數十年內最嚴重的蝗災肆虐東非及周遭區域，每天吃掉180萬公噸的植栽。蝗群其實是由一群短角外斑腿蝗構成，牠們通常獨居，看起來相當溫和，但在條件具足時，就會轉變為群居，變成多彩多姿的社會性嚼食機器，以每平方公里多達8,000萬隻的蟲群橫掃大地。

這種群聚行為由高降雨量觸發，當地表上有許多青蔥植被，供這些無翅若蟲大吃特吃時，其數量就會膨脹，使牠們無法避開彼此。看到、聞到、觸碰到其他蝗蟲，會導致其腦內血清素暴漲，從而啟動控制群居模式的基因並關閉「獨居」基因，造成一場化身博士般的轉變。群居的若蟲會集結成群，達到有翅的成年階段後便飛入空中。任何獨居蝗蟲一旦碰上，很快就會加入牠們的行列。蝗蟲最初為什麼會演化成群聚模式，迄今我們尚未完全明瞭，不過一項2008年的研究指出，那是因為大蟲群會消除個別蟲群之間的縫隙，讓捕食者更難跟隨，挑落單的蟲隻下手。

蝗群一過，土地和人民就叫苦連天。

Q 為什麼有些昆蟲看起來是金屬色的？

看我，不用打蠟就亮晶晶！

A 許多昆蟲身上閃閃發亮，呈金屬綠、藍或金，尤其金龜子和吉丁蟲。這稱爲「結構色」，不是由色素形成。甲蟲的背甲表面有細微的凸脊和透明層，形成一片透鏡群，引導不同波長的光，使某些顏色消失或增強，類似光碟片表面由上頭小孔製造出的的彩虹。

會演化出這種金屬色彩，可能是因爲鮮豔色彩可把求偶訊息傳遞得很遠，有些研究也假設這可能是爲模仿葉子上的雨滴，有助於掩護甲蟲。凸脊和透明層生成時消耗的能量或許也少於色素分子，這格外重要，因爲昆蟲經常會蛻皮並再生。

Q 為什麼馬陸有這麼多腳？

A 馬陸是善鑽洞的節肢動物，雖然牠們又名「千足蟲」，但目前已知倍足綱中沒有一千隻腳的物種。馬陸通常具40至400隻腳，足夠讓牠們背負驚人的重量移動。這些腳就像軍隊裡小小的士兵，共同舉著巨大的衝車撞擊城牆。這種演化結果讓馬陸的頭可以硬生生鑽入土堆隙縫中，那裡不僅有最美味的樹葉，也是躲避掠食者的絕佳保護。

Q 蜘蛛為什麼不會被自己的網困住？

A 蜘蛛只會在部分蛛絲上留下黏液小滴，且在蛛網上移動時，牠們會避開這部分蛛絲，只用腳尖上覆有一層不沾黏的膜的「跗節」碰觸。此外，蜘蛛八隻腳末端都各有一隻特殊的爪，將蛛絲往體表絨毛生長的反方向拉。爪子一放，毛就會把蛛絲彈走，自然也不會黏住自己了。

Q 哪一種生物能聽到的聲音頻率最高？

A 大蠟蛾（*Galleria mellonella*）可以聽見高達300千赫的超音波（人耳最高只能聽見20千赫），牠們利用這種能力來偵測蝙蝠發出的超音波。蝙蝠發出的音波最高只有212千赫，所以大蠟蛾顯然大占優勢。

大蠟蛾耳力驚人。

Q 蜜蜂為什麼越來越少？

A 這是幾個因素共同造成的結果。蜜蜂容易遭到來自東南亞的蜜蜂蟹蟎（*Varroa destructor*）寄生。此外其他證據顯示，很多殺蟲劑，尤其是新菸鹼類的化學物質，可能削弱蜜蜂的免疫系統，使蜜蜂更容易感染各種細菌、真菌和病毒。

Q 蜘蛛絲為什麼那麼強韌？

A 蜘蛛絲有個能產生強度的複雜結構，把扎實的晶體結構連結起來，一起產生某種有彈性又堅韌的東西。研究者在2018年亦發現，蜘蛛絲是由直徑20奈米的數千股平行絞線織成，就跟繩索的絞線一樣能夠把負重平均分攤，以防臨界應力繃斷蜘蛛絲。蜘蛛絲可以延伸五倍長而不繃斷。

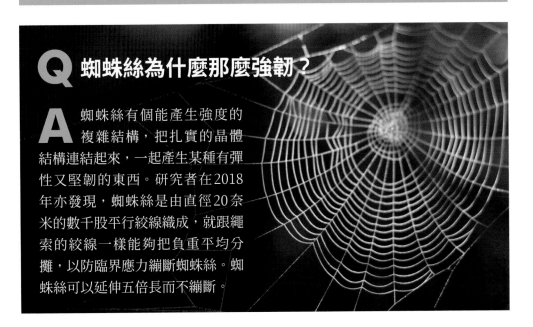

人類能夠拯救昆蟲嗎？

昆蟲快死光了嗎？

似乎是如此，2018年在《生物保育》（*Biological Conservation*）期刊中一份研究警告，全世界有超過40％昆蟲物種在未來數十年內將面臨絕種威脅，其中蛾類、蝴蝶、蜻蜓、螞蟻和蜜蜂被列為格外脆弱。據估計，地球上有500萬種昆蟲，昆蟲學家迄今命名了約100萬種，許多種類可能在科學記載前就先滅絕。棲地喪失、殺蟲劑濫用、疾病散播及氣候變遷，都被認為是造成昆蟲消亡的原因。

為什麼要擔心昆蟲消亡？

首先，昆蟲在食物鏈中扮演關鍵角色，大多數鳥類都會吃昆蟲，每年合計要吃掉多達五億噸的小蟲。牠們也會為花朵和作物授粉，昆蟲提供的免費勞力據估價值約新台幣6.9兆到16.9兆元。蜜蜂是其中的要角，不過在造訪的作物花朵中，其他昆蟲也合占了40％，例如蒼蠅就是可可樹的關鍵授粉昆蟲。在食物鏈循環的另一端，昆蟲也貢獻良多，牠們會分解大量的動物糞便和死屍，讓營養成分回歸大地。

我們能做些什麼？

農夫可以為他們的作物授粉昆蟲多著想一點。種子可以拿來製作巧克力的可可樹，仰賴約15種蠓類（小型蒼蠅）幫忙授粉，為了增加可可產量，農夫經常會把其他樹種移除，這卻一併破壞了蠓類喜歡的樹蔭，以及其幼蟲成長所需的腐葉。就個人而言，我們可以保護好屬於自己的小小綠園，即使只有一個小花園或窗口花壇，我們也可以種些原生植物或野花，鼓勵昆蟲繁衍。要記得，大自然喜歡亂糟糟的不受干擾，如果需要一個不除草的藉口，這就是囉！

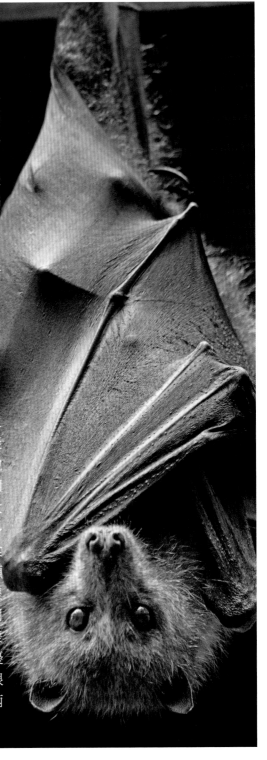

Q 倘若蝙蝠看不見，為什麼還有眼睛？

A 雖然俗語說蝙蝠瞎了眼，但其實不然，所有蝙蝠都得靠視覺覓食、躲避捕食者以及進出棲息之所。就如同夜行性哺乳動物一樣，蝙蝠的眼睛充滿視桿細胞，可大幅提升牠們在黑暗中的視力。不過多數蝙蝠在夜間是透過回聲定位找出獵物，也就是發送超聲波之後再聆聽其回聲，因此也可以說蝙蝠是同時使用眼睛以及耳朵在「看」。

Q 蝙蝠為什麼有那麼多種？

A 全世界共有1,200多種蝙蝠，約占所有哺乳動物的五分之一。部分原因在於，蝙蝠是唯一能拍擊翅膀飛行的哺乳類，也就是說牠能跨過很長的距離，在地理上互相孤立，成為不同物種。但美國麻州大學2011年一項研究指出，蝙蝠的多樣性或許也來自於不同種類的不同食性。這代表，假如基因突變導致其頭骨形狀或下顎咬合力微幅改變，一隻蝙蝠就能取食當地其他蝙蝠無法食用的另一種水果或昆蟲。這樣可使這隻蝙蝠的後代擁有很大的物競天擇優勢，並使這種突變擴散。在演化上很短的時間內，這個族群就會分成兩群，形成另一種物種。

Q 誰是最大型的飛行動物？

A 以翼展來說，最大型的鳥類當屬那些適應長距離滑翔飛行的物種。目前的紀錄保持人是漂泊信天翁，翼展最大紀錄是3.7公尺，不過史前動物的翼展更驚人。生活在2,500萬年前的桑氏偽齒鳥（*Pelagornis sandersi*），其翼展估計可達7.4公尺，牠們可能跟信天翁一樣，以頂著逆風往下坡跑，或從懸崖跳出的方式起飛。但跟某些翼龍相較之下，桑氏偽齒鳥又被比下去了。諾氏風神翼龍（*Quetzalcoatlus northropi*）是迄今發現最大型的飛行動物，重量可能超過200公斤，翼展長達11公尺，跟塞斯納172小飛機一樣寬。電腦模擬顯示，諾氏風神翼龍能夠以時速130公里滑翔，滯空長達10天之久。

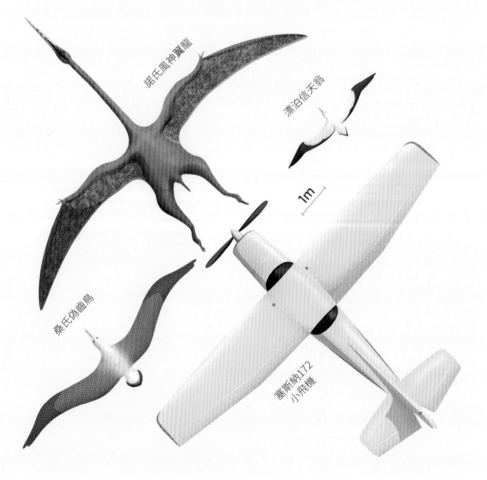

諾氏風神翼龍

漂泊信天翁

1m

桑氏偽齒鳥

塞斯納172
小飛機

Q 為什麼有些鳥用跳的，有些鳥用走的？

A 大多數時候，待在樹上的鳥兒比較會用跳的，因為這樣子在細枝與粗枝之間移動，比起走鋼索的特技更快也更容易。這些鳥兒演化出可以跳得很有效率的腿跟腳，所以就算是在地面上覓食，還是用跳的也有道理。

體型偏小、體重偏輕的短腿鳥兒，用跳的效果最好，每次跳躍都可以把牠們帶到步行距離好幾步的地方，因此比較

節省能量。但即使用跳的距離比用走的遠，還是比跑步慢，比方說烏鶇在趕時間的時候，就會從跳躍切換成奔跑。

屬於同一群體的鳥兒，移動方式通常會一樣，但並非總是如此，例如鴉科裡的烏鴉、渡鴉跟喜鵲都是用走的，但是松鴉就用跳的。在地面築巢覓食的鳥兒，比較會用跑的而不是用跳的。這包括雉與松雞在內的所有野禽，不過像是鶺鴒這種在地面上追逐昆蟲的小型鳥類，同樣是用跑的。

在海岸或河口覓食的鳥兒，經常演化出涉水用的長腿，讓牠們每踏一步，就能有效跨過很長一段距離，要牠們用這麼單薄的腿去跳，相當不切實際。鷸科是另一類會在岸邊出現的鳥，儘管腿相對短，牠們卻還是用跑的，這可以讓牠們在近水處覓食，還能跑得比打來的浪更快。

Q 鴕鳥真的會把頭埋在沙子裡嗎？

A 鴕鳥不會飛，無法法在樹上築巢，所以只能在沙地上挖洞，把蛋下在沙坑裡。為了讓蛋均勻受熱，鴕鳥偶爾會把頭伸進洞裡把蛋翻面，所以看起來好像在躲避什麼——這就是迷思的由來。用這種方式躲避掠食者的鴕鳥不可能活很久，而且這樣也沒辦法呼吸！

Q 先有雞還是先有蛋？

A 蛋的歷史比雞久遠：恐龍會下蛋、最先登上陸地的魚類會下蛋，五億年前寒武紀時悠游在溫暖淺海中的多關節巨獸也會下蛋。儘管牠們生的不是「雞蛋」，但還是「蛋」，所以當然是先有蛋。如果把問題改成「先有雞還是先有雞蛋？」，答案就取決於如何定義雞蛋，是雞生下來的蛋？還是孵出小雞的蛋？雞和東南亞的紅野雞屬於同一物種，但10,000年前被人類馴養時可能與灰野雞混血。雞尚未在演化史上出現的時候，有兩隻很像雞但不是雞的鳥類交配，生下的蛋孵出史上第一隻雞。如果把這個蛋稱爲雞蛋，那就是先有蛋，否則就是先有雞；而史上第一個雞蛋要等到史上第一隻雞生蛋時才出現。

Q 鸚鵡怎麼「說話」？

A 鸚鵡在野生環境中屬群居，會學習所屬群體的「流行語」，藉此辨別自家人或外人。掃描顯示鸚鵡大腦的結構與鳴禽不同，這可以解釋爲什麼鸚鵡那麼擅長學習聲音。如果鸚鵡單獨待在籠裡時，唯一能聽到的就是人類說話，牠自然會模仿人聲。

Q 鳥兒會尿尿嗎？

A 會，不過跟人類的排泄方式不同。鳥兒會把體內多餘的氮轉化成尿酸；這種糊狀物質的毒性比人體製造的尿素來得低，因爲尚未孵化的小鳥無法忍受堆積在蛋殼內的尿素毒性。此外，鳥類沒有膀胱的好處是可以減輕飛行負擔。鳥類只有一個排泄用的泄殖腔，這就是鳥兒排出白色粉質尿酸會混雜深色糞便的原因。有趣的是爬蟲類也用同樣方式排泄。

Q 雛鳥在蛋裡面怎麼呼吸？

A 這都依靠蛋殼裡的精巧設計。雛鳥發育初期，會從內胚層生出稱為「尿囊」的袋狀構造，裡面有第二層「絨毛膜」，包住雛鳥和蛋黃，一同形成尿囊絨毛膜。這層膜的一端與雛鳥連接，另一端貼近蛋殼內壁，作用和肺相仿，連接外界和雛鳥的循環系統。氧氣透過蛋殼的微小氣孔擴散到尿囊絨毛膜的血管中，再進入雛鳥的血流。呼吸作用產生的二氧化碳，則朝相反方向擴散出去。

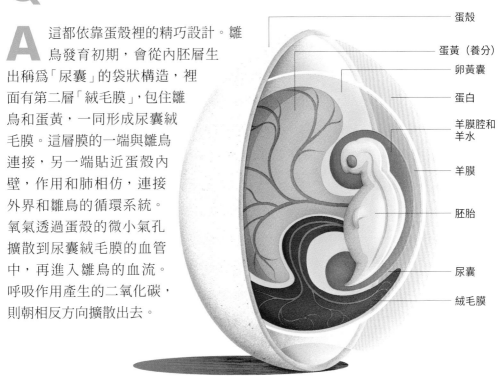

蛋殼

蛋黃（養分）

卵黃囊

蛋白

羊膜腔和羊水

羊膜

胚胎

尿囊

絨毛膜

Q 為什麼會有鳥衝到車子前面？

A 在鳥看來，奔馳的汽車是種威脅，不知道汽車並不會離開道路去追牠們。有些鳥類逃跑的習慣是向上飛竄，然而要迅速飛到高處並不容易，因此像烏鶇這類生活在矮樹籬中的鳥喜歡往地面衝，可以較快抵達掩蔽處。鳥類在春天時出現這種行為，也可能是為了護巢，藉此引開任何潛在的捕食者。

Q 動物的瞳孔形狀為何五花八門？

A 瞳孔是眼睛虹膜上的縫隙，讓光線得以穿透進入視網膜，虹膜具有肌束可控制瞳孔大小，從而改變進光量。人類瞳孔呈圓形，是因為肌肉排列成環狀，均勻地向中央收縮。圓形瞳孔的優點在於視野具有均衡焦距，但沒辦法收縮得十分緊密。在夜間活動的動物，不論獵食別人的還是會被吃掉的，需要的是又大又敏感的眼睛，在明亮的白天卻會被照得睜不開眼，因此演化出額外的肌群，以便在白天把瞳孔拉成細長狀。

加州大學柏克萊分校2015年一項研究指出，動物會演化出垂直還是水平的細長瞳孔，端賴牠們是捕食者還是獵物而定。貓科動物及許多蛇類等掠食者，垂直細長的瞳孔可讓牠們在水平視野保持銳利的焦距，更準確地判斷獵物距離。相對而言，水平細長的瞳孔犧牲掉視野左右邊緣的影像銳利度，以換取更為寬廣的周邊視覺，這使得馬跟羊等屬於獵物的動物，更有機會發現威脅逼近。

有些動物演化出更精巧的瞳孔形狀，比如烏賊的W狀瞳孔有助於在上方亮光和下方暗處之間取得平衡。某些壁虎則具有似垂直串珠的瞳孔，之所以如此演化，可能是為了讓牠們的雙眼不需要往同一方向聚焦，只要比較瞳孔不同孔徑下的影像模糊程度，就足以判斷距離。

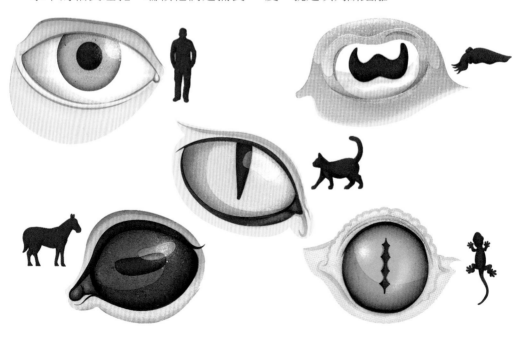

Q 除了人類，還有什麼哺乳動物也有眼白？

A 眼白有別於位於眼睛前方的透明角膜，是包覆整顆眼球的不透明保護層，又稱「鞏膜」。人類的鞏膜是白色的，但大多數哺乳動物的鞏膜前方呈深色或與虹膜顏色相襯，只有一條狹窄的白色鞏膜偶爾可見。

之所以演化出深色鞏膜，可能是為了讓哺乳動物潛伏在陰影裡時，眼中的白色部分不至於引人注意。不過人類會演化出白色鞏膜，或許是因為這樣比較容易知道對方往哪個方向看。東京工業大學2001年的「視覺合作假說」認為，能迅速看出某人望向何方是非語言溝通的重要一環。這對我們的祖先很有幫助，集體狩獵時只要有人迅速瞥一眼，就足以警示同

伴周遭的動靜。令人驚訝的是，其他猿類動物卻鮮有白色鞏膜，這可能是因為牠們的社會較不具合作性；相互隱瞞目光方向還比較重要，免得洩漏出食物位置等資訊。

研究發現，犬科中比起單獨狩獵的物種，會進行集體狩獵的物種更普遍擁有白色鞏膜。不過以目光發出訊息並非白色鞏膜演化的唯一假說，這也可能是為了顯示個體的生理健康狀態，譬如患上肝炎等疾病，就會使得鞏膜變黃。

Q 為何我們跟狗講話時，牠的頭會歪一邊？

A 狗的聽力範圍比人類大，但沒那麼精確。豎起耳朵並把頭偏向一邊，有助於更快確定雜音來自何方。這樣可以幫助狗聆聽和解譯我們的聲調，找出「出門走走」等熟悉的字眼。犬類行為專家史丹利・科倫博士（Stanley Coren）認為，口鼻部較短的犬類比較容易看清楚人的臉部表情，不那麼依靠耳朵理解我們的意思，所以較少把頭偏向一邊。

Q 人類如何馴服狼？

A 我們無法確定狗被馴化的時間，不過DNA證據顯示，現代狼與狗都是一種類狼祖先的後代。牠們的祖先在至少1.1萬年前，就與狩獵兼採集的人類部落同時在歐洲生活。

關於狼的馴化有兩大假說：狼自己馴化，或人類馴化牠們。以前者來說，有些狼會在人類營地周遭遊蕩，想要撿些骨頭與剩菜吃。獵人可能只會容忍那些比較友善的狼，而驅逐或是殺掉比較危險的動物。這導致狼的祖先分裂成比較溫和、與人類比較合得來的亞種，以及比較凶悍、保有野生狀態的亞種。至於人類馴化的假說，則是人類撫養失親的狼孤兒，並加以繁衍。研究顯示現代幼狼如果年紀夠小，是能夠成功馴化的。

Q 野生動物有可能體重過重嗎？

A 2019年，德國小鎮本斯海姆的消防員拯救了一隻想擠過人孔蓋、卻卡在縫隙裡的肥嘟嘟老鼠。這隻囓齒動物重獲自由的同時，也學到了生命中珍貴一課：吃太多不見得是個好主意。過重動物的動作很慢，容易被掠食者捕捉，所以活得不長，但海豹、海象、北極熊這些我們認為「胖」的動物，其實完全沒有過重。牠們的油脂是為了提供浮力、保溫、儲存能量才演化出的特徵，所以有時「胖者生存」才對。

Q 演化是什麼？

A 不論各種外型或大小、不論動物或植物，目前共識是所有生命形式全都源自35至40億年前的微小祖先。從蜥蜴到斑馬、從山楂樹到人類，各種生物群體會隨著時間產生新的遺傳特質，進而改變形體，而演化就可以解釋這個過程。

Q 哪裡有演化正在發生的證據？

A 證據很多。2016年出現了一個很好的例子，日本生物學家宣布發現會吃PET塑膠的新細菌，稱為大阪堺菌（*Ideonella sakaiensis*）。這種塑膠從1940年代後才開始生產，所以這種細菌開始吃它的時間不到一世紀。體型較大的生物也可能迅速演化，1990年代初，夏威夷考艾島上的野地蟋蟀（*Teleogryllus oceanicus*）變成寄生蠅的攻擊目標，這種寄生蠅尋找目標的方法是聆聽蟋蟀的鳴叫聲。2003年演化發生了，使雄蟋蟀無法用翅膀發出聲音的基因突變迅速擴散到全島，原本會鳴叫的蟋蟀大多學到了一個道理：沉默是金。

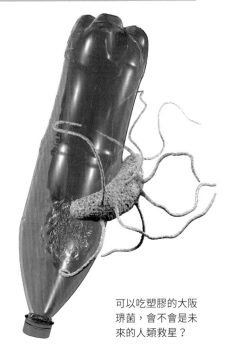

可以吃塑膠的大阪堺菌，會不會是未來的人類救星？

Q 遺傳和演化有什麼關係？

A 有些人健身後體型或許會改變，但這類改變並不是演化，因為健美選手的小孩長大後不會自動變成肌肉人。大致而言，生物能繼承的身體特徵是由DNA所控制，DNA則是構成基因的分子，所以說遺傳是演化的核心。

物競天擇是族群遺傳改變的重要方式，在一群動物或植物中，某些個體的DNA可能出現隨機突變，形成某種有利的新特質。

舉例來說，某些樺尺蛾的突變會使翅膀顏色變深，工業革命時牠們在被空氣汙染染黑的樹上隱蔽性較佳，較不容易被掠食者發現，因此能夠活得較久，把基因傳遞下去。深色翅膀的蛾數量便得以急遽增加，一段時間後，有利的突變和其特徵更加普遍，演化就此產生。

Q 有沒有辦法預測演化未來會如何發生？

A 簡單來說，沒有。演化不是朝某個目標前進，不會試圖創造越來越複雜的聰明生物；但就某方面而言，演化也不是完全無法預測。據估計，全世界目前約有800萬種動物和30萬種植物。這些多樣性令人驚奇，但如果仔細觀察，會發現物種間的差異可能沒有我們想像的大，例如海豚和魚可能容易被搞混，因為這兩者都是水生動物，都擁有細長流線型的身體和鰭，但海豚是哺乳動物，而且僅5,000萬年前，海豚的祖先還是外型像鹿的小型四足動物。生物學家認為，海豚看起來像魚是因為環境和生物上的限制，促使演化一再以類似方式解決問題，比方說游泳。這種特質稱為「趨同演化」。有人主張趨同現象十分常見，因此演化只有數種固定路徑，多少可以預測到一些。

儘管是哺乳動物，鯨魚也有流線型的身體和鰭。

Q 其他哺乳類有更年期嗎？

A 有更年期的哺乳動物只有人類、殺人鯨和領航鯨，且壽命都比較長，母女居住得比較接近。有人認為，年長雌性演化出喪失繁殖能力的習性，把時間和精力放在照顧女兒的後代上，因為女兒的後代存活機率高於母親的後代，而這個理論稱為「祖母假說」。此外，祖母不想爭奪食物等生存資源，這也是演化出更年期策略的有力理由。

Q 人猿能夠玩猜拳嗎？

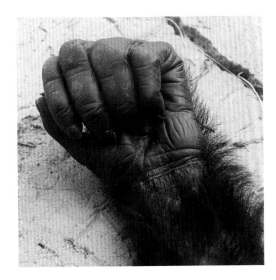

A 2017年，日本與中國的研究者發表研究成果，他們讓五隻黑猩猩看觸控螢幕上的猜拳組合，若選到勝利的手勢，就給食物作為獎賞，藉此教會牠們基本規則。這些黑猩猩先學會布贏石頭，然後石頭贏剪刀，最後剪刀贏布。之後給黑猩猩看隨機出現的猜拳組合照片時，他們10次有九次選出勝利的手勢，達到四歲小孩的水準。不過這些黑猩猩並沒有自己比出手勢，所以我們不知道牠們是否靈巧到能夠真的玩猜拳。

Q 能否透過基因改造，讓某種動物在其他星球上生存？

A 地球上或許已具有這樣的微生物，死海和北極凍原的細菌已被證實能在模擬火星大氣中存活。金星可能較困難，就算在溫度較低的上層大氣也一樣，因為缺乏冰或水。外星生物的生化組成可能完全不同，但這方面無法使用基因改造，因為DNA分子本身就需要水。

地球上的厭氧有機體幾乎都是單細胞，因為無氧代謝產生的能量較少，所以若要讓更複雜的多細胞生物生存，就不用考慮缺乏氧氣的火星。不過木衛二在表面冰層下有液態水組成的海洋，

2009年美國亞利桑那大學研究指出，其上可能也含有氧氣。地球生物能否存活其中，取決於這片海洋溶有何種毒素或養分。深海魚和無脊椎動物是很棒的候選生物，基因改造或許能提升牠們的耐寒力和抗壓性。

Q 具保護色的動物知道牠們只能在特定環境中隱身嗎？

A 許多動物會挑選保護色效果最顯著的位置待著，例如圖中的矛翠蛺蝶幼蟲有一條明顯的條紋貫穿身體，看起來和牠們以為食的芒果樹葉中央葉脈非常相似。

於天擇而言，牠們懂得讓條紋對齊葉脈以達較佳隱身效果，顯然比較有利，但毛毛蟲似乎不知道牠們為何這麼做，這只是牠們基因中所設定的行為。所有無脊椎動物和多數魚類、兩棲爬蟲類都是如此，但更聰明的物種，特別是鳥類和哺乳類，似乎有所

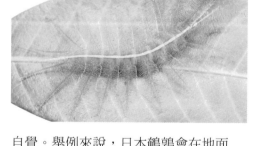

自覺。舉例來說，日本鵪鶉會在地面築巢下蛋，其產下的蛋斑點圖案在個體之間差異非常大。2013年蘇格蘭亞伯泰丹迪大學發現，產下鳥蛋顏色較深的鵪鶉，會選擇較陰暗的環境產卵，反之亦然。

Q 其他動物會為了歡愉 而發生性行為嗎？

A 性行為的主要功能是繁殖，所以大自然藉由歡愉經驗鼓勵動物交配，聽起來相當合理。我們不清楚能體會性歡愉的動物有多少，但證據顯示有好幾種動物也能體會這感覺。倭黑猩猩和其他靈長類動物會在懷孕或哺乳期發生性行為，似乎純粹為了歡愉。短吻果蝠也會以口交方式延長交配時間；或有演化上的理由，但也可能只是好玩。此外，母海豚陰蒂具有神經叢、勃起組織和血管，因此能形成高潮。有人曾觀察到母日本彌猴出現高潮，但對繁殖沒有直接效益。

Q 動物看得見 Wi-Fi 或藍牙訊號嗎？

A Wi-Fi 和藍牙是波長介於6到12.5公分之間的無線電訊號，波長大約是人類可見光的10萬倍。吸血蝙蝠、某些魚類和蛇類等動物能感知紅外線輻射，但紅外線的波長最多只有1公釐。波長較長時，波的能量就低上許多，如果沒有特殊的共振器來放大訊號就偵測不到。2009年法國病毒學家呂克·蒙塔尼耶（Luc Montagnier）指出，細菌DNA可放射無線電波，但此結果遭到科學界普遍批評，且無法重現，所以目前為止，我們還不知道有什麼生物能偵測無線電訊號或用它來互相溝通。

Q 長頸鹿會 發出噪音嗎？

A 長頸鹿雖然不是最多話的動物，但牠們會在遭受威脅時發出鼻息聲，母長頸鹿也會對小長頸鹿吼叫。近來發現，長頸鹿還會發出其他聲音，2015年研究分析柏林、哥本哈根和維也納等地動物園的長頸鹿錄音，發現長頸鹿在晚間會發出低頻哼聲。科學家認為，這種奇特的聲音是長頸鹿間離開群體時的呼叫，協助牠們在黑暗中找到彼此。有趣的是，另一套理論指出這種哼聲其實是長頸鹿在打呼或說夢話。

動物懂得使用藥物嗎？

藥物使用行為如何演化產生？

藥物使用行為和各種性狀一樣，都是物競天擇的結果，是動物偶然出現某種有益新行為、提高存活機會後，把此行為傳給下一代。有個很好的例子是帝王斑蝶，牠們常感染致命寄生蟲，幼蟲又只吃馬利筋屬的植物（又稱乳草），因此感染寄生蟲的雌蝶偏好把蛋下在殺蟲劑強心苷（Cardenolide）濃度較高的植株上。美國埃默里大學雅珀·魯德教授（Jaap de Roode）已證明如此可降低幼蟲的感染率，未感染的斑蝶對乳草則沒有這樣的偏好。

動物會使用哪些種類的藥？

越來越多證據顯示，動物會以多種植物和昆蟲「自我用藥」。舉例來說，黑猩猩會整片吞下菊科 *Aspilia* 屬植物粗硬的葉，據說可刮去腸壁上的寄生蟲，並將其排出體外。同時，有200多種鳥類被觀察到會「抹螞蟻」（anting），也就是用螞蟻摩擦羽毛，或在蟻巢裡打滾。牠們利用的大多是會噴出有毒蟻酸的物種，因此這可能是另一種寄生蟲防治方法。還有證據指出非洲象也會自我用藥，牠們會食用一種紫草科植物以協助引產。

人類可向動物學到什麼樣的藥物知識？

神話和民間傳說常把動物描寫成醫學知識的來源，現在藥理學家也透過觀察自我用藥的動物找尋靈感。黑猩猩為了排出寄生蟲所吃的 *Aspilia* 植物具抗菌效果，從這些植物提煉出來的化合物確實有助治療傷口感染。印尼的紅毛猩猩會用口水和一種龍血樹（*Dracaena cantleyi*）的葉子混合成糊狀抹在身上，當地原住民也以類似方式用這種植物來治療關節和肌肉痛，且成分分析顯示它確實擁有抗發炎特性。現在看來，自然界確實存在許多具治療功能的物質，動物則可為我們指引正確方向。

Q 乳牛在哞哞叫時，是在溝通什麼？

A 「老麥當勞先生有個農場，裡頭的乳牛一下唔唔叫，一下哞哞叫」不過，別無知地認為這些聲音沒有什麼意思。乳牛是聰明的社會性動物，擁有豐富的溝通方式，包括哞哞叫、呼嚕叫、吼叫，甚至也有用尾巴位置表達的非語言訊號。

2015年，英國諾丁罕大學及倫敦大學瑪麗皇后學院的學者決定深入研究，錄下10個月的哞哞叫聲，並用電腦分析尋找模式。研究者發現，如同我們的聲音有差別一樣，每隻母牛與小牛都有各自的叫法，應該有助於牠們在牛群中互相辨識，研究者還能以小牛的叫聲判斷其年齡。母牛也會產生兩種不同的「媽媽叫」：牠們距離小牛較近時，哞哞叫比較低頻，跟小牛分開或在照料小牛之前，則用較響亮的高頻哞哞叫。小牛則是在跟媽媽分開或想要吸奶時，會發出不同叫聲。

這些只是冰山一角，隨便詢問一位農夫，他們都會跟你說乳牛會「說話」，而且不只是彼此交談，還會跟照料牠們的人說話。乳牛在肚子餓或壓力大的時候都會哞哞叫，是一種警示聲；若農夫帶著一大包可口的乾草前來，則是會滿懷期盼的哞哞叫。

Q 鴨嘴獸出汗時會流奶嗎？

A 鴨嘴獸和人類及其他哺乳類一樣，是由特化的乳腺分泌乳汁。但鴨嘴獸沒有乳頭，所以乳汁會由皮膚表面滲出。這個現象看來很像出汗，但鴨嘴獸是水生動物，根本不會流汗。這種哺乳方式比較不衛生，所以鴨嘴獸的乳汁中含有強力殺菌蛋白質，防止小鴨嘴獸生病。未來或許能開發這種蛋白質，製造有效的抗生素。

鴨嘴獸能潛水1至2分鐘，用靈敏的喙覓食。

Q 魚在魚缸裡會不會覺得無聊？

A 科學家已知魚缸特質會影響魚的腦袋和行為，比方說把小鱒魚養在單調又沒有變化的魚缸裡時，牠們的小腦會比有石塊和植物可以探索的鱒魚來得小。把鱈魚養在有變化的魚缸時，鱈魚學習捕捉獵物的效果比較好，遭到模擬掠食者攻擊後，從壓力中恢復的速度也比較快。不過，魚是否會以我們能理解的方式覺得無聊，這件事就較難以確定。養魚的人有時會看到小魚在「玻璃衝浪」（glass surfing），也就是貼著玻璃上下游動，這種行為相當於圈養老虎缺乏刺激時的踱步。此外，魚類也可能因為過於擁擠，或對魚缸感到陌生而產生壓力。

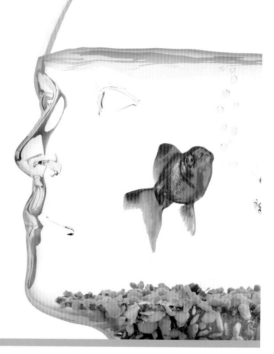

Q 章魚沒有骨骼，要怎麼活動八隻腳？

A 章魚活動腕足的方式和象鼻、蝸牛的「腳」和人類舌頭的活動方式相仿。這種構造稱為「肌肉性靜水骨骼」，幾乎完全由肌肉構成，以不同方式密集地排列組合，能做出各式各樣的動作。章魚在海底爬行時，藉由收縮腕足內的縱向或橫向肌肉來伸縮這些「腳」，此外牠們還能收縮對角分佈的肌纖維，藉此扭轉腕足。

Q 魚類怎麼進入湖泊等孤立水域？

A 先不談經常有人刻意把魚放進湖泊和池塘這類顯而易見的答案。我們可以把這件事比做孤立島嶼上的人口，如同島嶼曾有陸橋與外界相連，湖泊原本也可能是河流系統的一部分，只是河流後來乾涸。此外，河流也可能曾經氾濫，短暫流入低地，形成生物眾多的湖泊，有些湖泊生物的祖先甚至來自其他湖泊。儘管大多魚類很難在陸地上遠距離移動，但魚卵離開水之後還能存活好幾小時，而水鳥到湖泊覓食之後，羽毛上可能黏附魚卵，一起遷移到其他地方。

Q 魚有痛覺嗎？

A 俗話說魚不會痛，因為魚腦太小也太簡單。但反面證據越來越多，2003年英國羅斯林研究所指出，硬骨魚的皮膚和身體各處有感覺神經與大腦相連，能和鳥類及哺乳類一樣感受疼痛。團隊發現，若在虹鱒嘴唇注射弱酸或刺入蜂螫，牠們會擺動頭部、用嘴唇摩擦水族箱。若施以止痛劑，虹鱒行為就會恢復正常。還有許多研究證實魚能感受痛苦，例如在擁擠魚塭中，鮭魚會停止進食並出現憂鬱徵兆，比方體內出現高濃度的皮質醇，也就是壓力激素。

Q 象龜怎麼來到加拉巴哥群島？

A 加拉巴哥象龜是當地的代表性動物，壽命超過100年，體重可達400公斤。這種象龜只生活在太平洋的加拉巴哥群島上，距離最近的陸地（厄瓜多）將近1,000公里，長久以來人們一直不解牠當初是怎麼到達島上的。

19世紀初，有人認為是水手把象龜從印度洋的馬斯克林群島帶到加拉巴哥群島，然而DNA檢驗出現後，我們知道加拉巴哥象龜的祖先來自南美洲。1800年代末，古生物學家喬治·鮑爾（Georg Baur）認為象龜一定是從古代陸橋爬行過去的。他推測象龜不擅於游泳，不可能橫渡海洋。1923年，博物學家威廉·畢比（William Beebe）更把一隻象龜從船上拋下，幸運的是牠游得不錯，不僅找到正確方向，還伸長脖子呼吸，但一週後還是過世了。畢比猜想，牠應該吞下了太多海水，所以否定象龜能從厄瓜多游到島上的想法。

最後出現兩項證據，正式支持游泳派的說法。20世紀中期，板塊研究證實加拉巴哥群島的成因是火山活動，也就是說島嶼是從海底升上來的，陸橋並不存在。2004年，一隻巨大象龜從印度洋亞達伯拉小島游了（或漂了）750公里，最後到達坦尚尼亞的海灘。這隻象龜相當虛弱，身上也滿是藤壺，但狀況還不錯。學者現在認為，應該是200萬年前一隻懷孕母龜或一對象龜從南美洲游到島上，從此定居。

Q 若把河馬從船上推進海裡，牠會沉到底嗎？

A 河馬雖然是半水生動物，但不怎麼會游泳。牠的身體不算流線型，也沒有鰭狀肢，腳上雖然有蹼，但腿又短又肥，所以大多以慢動作在河床上大步跑（或走）。為了以這種方式行動，河馬身體的密度必須大於水。哺乳動物大多能自然浮起，但河馬骨骼密度特別大，以便停留在水底。海水密度大約比淡水高2.5%，但較大的浮力依然無法支撐河馬體重，所以河馬會沉入海中。由於浮力永遠等於河馬排開的水的重量，無論深度如何都一樣，因此河馬在海中一旦開始下沉，就會一路沉到底。

Q 海龜怎麼記得自己出生在哪個海灘上？

A 剛孵化的小海龜鑽出窩後，會從海灘爬進水中，往外海游去並覓食、成長。經過許多年、游過數千公里之後，長大的海龜會回到出生地交配，繁殖下一代。這在導航上是相當了不起的成就，用意可能是提高小海龜存活的機會。若海龜能在海灘上孵化，則這片海灘在牠回來後很可能仍適合築巢。

為了達成這個目標，海龜必須藉助多種感覺。在外海游泳時，證據顯示海龜可用太陽位置辨別方向；另外嗅覺也很重要，在水族箱實驗中，赤蠵龜對打入空氣的泥土味有反應，並會邊游泳邊把頭抬出水面。但牠們對其他氣味就不會如此，代表牠們認得陸地的特殊氣味。

海龜最重要也最神祕的感覺是「磁感」，也就是偵測地球磁場的能力。目前科學家還不清楚小海龜是怎麼辦到的，但牠們體內顯然有某種羅盤，引導牠們第一次游向外海。此外，海龜也能辨別磁場的微小變化，例如美國佛羅里達州附近，赤蠵龜能辨別其出生海灘的磁場特徵。科學家追蹤印度洋中帶有衛星追蹤器的綠蠵龜，發現牠們依循的磁場地圖其實相當粗糙。牠們經常偏離目標島嶼數百公里之遠，但總能重新設定路線，直到找到目標為止，可能是同時藉助了多種感覺。

Q 羊淋溼了會縮水嗎？

A 羊毛纖維並非完全柔順，當中有非常細小的組織，能夠跟鄰近纖維相扣，所以洗羊毛時就會讓這些纖維像棘輪一樣拉扯在一起，導致收縮，這就是為什麼羊毛衣洗過之後會縮水。幸好綿羊的皮膚會分泌「羊毛脂」，可以潤滑羊毛，防止纖維在溼掉時糾纏在一起，所以羊毛在淋雨後仍然保持柔順平整。不過羊毛衣要是縮水了，晾乾之後可不會再次伸展開來，所以縮水的綿羊就永遠縮水了。

Q 人類製造的噪音對海洋生物有什麼影響？

A 從1950年代至今，海洋的背景雜音每10年就提高近一倍，原因是船舶運輸量越來越大。與此同時，海洋聲納裝置也會放射聲波，例如用震波測勘石油和天然氣礦藏的水下氣槍。在嘈雜的海洋中，鯨魚和海豚難以跟同類溝通，有些個體得為此提高音量，有些則放棄溝通，陷入沉默。聲納似乎也會干擾牠們的方向感，使牠們容易太快浮起，造成減壓病。

實驗室研究發現，扇貝苗在噪音汙染下會發育出畸形身體，魚類變聾，水母、魷魚和章魚的平衡囊受損，影響方向感。這類氣槍還可能殺死微小的浮游動物，範圍遠超過1公里。噪音汙染和塑膠汙染一樣，目前還不清楚對全人類和生態系有多少影響。為了進一步了解，科學家盡可能把握運輸量減少時海洋安靜的機會，例如新冠病毒流行期間，連深達海面下3,000公尺的水中收音器都偵測到噪音音量降低。

即便不清楚海洋生物對這次寂靜時期的反應，但在加拿大芬迪灣針對露脊鯨進行的長期研究或許可以提供線索。該研究發現，船舶運輸因911事件停頓時，鯨魚糞便中壓力激素也隨之減少，噪音音量再度提高時，鯨魚的壓力又隨之增加。

Q 貓咪是故意發出呼嚕聲的嗎？

A 完全熟睡的貓咪不會發出呼嚕聲，表示發出呼嚕聲是意識清醒時的行為。不過貓咪為什麼會呼嚕，實際原因還不太清楚。

貓受傷或是生小貓時也會發出呼嚕聲，代表這並不單純只是滿足的情緒表現。加州大學戴維斯分校獸醫學院的研究人員認為，貓咪發出呼嚕聲，可能是演化自藉由振動來刺激骨骼與肌肉生長的行為，因為貓天生習慣久坐。呼嚕聲可能就像人的哼唱聲，我們能刻意哼出聲音，但有壓力或快樂的時候也會不自覺地哼出聲來。

Q 獅子會像貓一樣呼嚕嗎？

A 獅子有時會發出聽來很像呼嚕的咯咯聲，但這算不算是呼嚕聲則說法不一。家貓的呼嚕聲在呼氣和吸氣時都會出現，是由喉嚨後方的舌骨共振所產生；相反地，獅子的咯咯聲只出現在吐氣時，而且牠們的舌骨具有彈性，因此不會發出「呼嚕」聲。

你可能想問，一定要這麼講究嗎？或許不需要，但如果你想學習分辨大小貓，這個問題就很重要！

Q 獅子為什麼有鬃毛？

A 公獅子進入性成熟期時，頭部、頸部與腹部周圍會逐漸長出濃密的鬃毛。這主要是睪酮素造成的，而且有趣的是，去勢的公獅子通常會失去所有鬃毛。研究顯示母獅子會被較為碩大、顏色較深沉的鬃毛吸引，因此鬃毛似乎是「性適能」的徵兆。獅子通常生活在遼闊的熱帶莽原棲息地，若能演化出視覺上便能展現力量與地位的方法，格外有其好處。公獅彼此打鬥時，鬃毛還可以提供防護作用。

Q 斯芬克斯貓為什麼沒有毛？

A 這是因為負責在毛囊長出毛髮時提供角蛋白的基因發生突變，此時毛髮已經形成，但結構脆弱，容易損傷脫落。這個基因突變在貓身上可能會自然發生，但1960年代開始刻意培育這種特徵，因而產生這個品種。某些斯芬克斯貓完全沒有毛，有些則有短短的毛，分布在整個體表或部分區域。

Q 貓為什麼討厭水？

A 貓會定期舔舐自己來整理儀容，這使皮膚油脂不會累積在毛皮上。因此貓的毛皮比狗蓬鬆、不防水；如果身體溼了，貓就會覺得比較冷，且感覺毛皮變重。不過並非所有的貓都討厭水，土耳其梵貓跟孟加拉貓就是兩種喜歡游泳的貓。

別想拿水攻擊我！

Q 貓喜歡我會不會只為了食物？

A 如果真是如此，是否很讓人難過？畢竟攝取營養是地球上所有生物每天都要面對的問題。但事實上，食物正是將人類和貓湊在一起的原因，有學者對中國一具5,300年前的貓骨骼進行化學分析，發現古代的貓以獵食米穀店裡的老鼠維生。

本質上而言，人類提供吃住，貓負責解決鼠害。隨時間過去，至少在西方文化中，家貓的功能除了抓老鼠外還有陪伴主人，而且從此時開始，比討人喜歡外更深層的特質似乎逐漸浮現。貓和狗一樣，馴化後開始出現許多幼獸式的行為，包括理毛、玩鬧打鬥、將半死的老鼠帶回當成玩具。這類行為的目的都不只是食物，而是家庭。

2019年9月，科學家表示貓似乎也具有狗的「安全型依附」特質，在這種特質中，人類照料者可觸發代表安全和平靜的行為。甚至有其他證據指出，貓受到撫摸時，腦內會分泌大量激素，就像人類在親近的人身邊時一樣。因此，狗狗「人類最好的朋友」的地位，現在或許出現勁敵了。

Q 癲癇警戒犬怎麼預測癲癇發作？

A 受過訓練的警戒犬，會在飼主癲癇發作前5到45分鐘不斷發出吠叫、跳躍或抓地等訊號。最為人接受的假設是，牠們能察覺到主人細微的行為差異，但也有可能是因為聞到某種獨特氣味，如飼主汗水裡的特定化學物質。

癲癇警戒犬仍是個受爭議的研究主題，除了預測準確度受質疑，也有人懷疑牠們是用什麼機制發現主人即將癲癇發作。不過這樣的警戒訓練仍然很有價值，因為沒受過訓練的狗狗，在飼主發作時壓力會非常大；訓練牠們在飼主發作時以某種預定方式反應，也能讓狗狗比較安心。

Q 為什麼狗在便便前會繞圈圈？

A 捷克與德國2015年做的研究指出，狗狗會沿著地球磁場南北軸便便。這點出一個有意思的可能性：狗會繞圈圈是為了要在完事前，先測出地球磁場方向。不過這項研究有其爭議：其他人未能重製其研究發現。狗狗比較有可能是按照祖先傳下的行為，牠們在蹲下前要先把草踏平，並趕走昆蟲。

Q 為什麼狗狗天生害怕巨響？

A 大多數動物都害怕突如其來的巨響，人類也不例外。巨響通常代表附近發生劇烈的高能量事件，無論是樹木倒下、雷擊或大型動物的咆哮，巨響都代表著危險。狗的聽覺十分靈敏，所以煙火等極為巨大的聲響會讓狗相當難受，更重要的是，煙火彷彿是從四面八方襲來、無法解釋的威脅。挪威奧斯陸大學2015年一項研究發現，年齡大的狗較容易受響聲驚嚇，這表示經常聽見並不會因此習慣，而會造成反效果。有些專家建議在雷雨和煙火時給狗狗點心或一樣特定玩具，讓牠們把響聲和快樂的事件連結。前述研究也發現，各品種的狗對噪音的敏感程度不一，其中可麗牧羊犬和雪納瑞最害怕響聲。

Q 小狗為什麼比大狗煩人？

A 據觀察，體型較小的狗似乎比較常亂叫、容易興奮、更有侵略性。這可能和不同品種的基因差異有關，不過2010年一份針對奧地利1,276名狗主人的調查發現，飼主可能也是部分原因，因爲他們傾向給予小狗較少關注，在服從訓練也上缺乏較一致的標準。狗是群體動物，當牠們的主人不夠武斷，狗通常會接下領導的角色，因此才會出現更吵鬧、更有侵略性的行爲。

Q 能讓狗狗或貓咪吃素嗎？

A 理論上狗可以吃素，不過執行起來會有困難。狗跟人類共存了起碼1.4萬年，可能是因爲吃人類食物的關係，演化出某些酵素，能夠幫助牠們消化植物澱粉。不過加州大學戴維斯分校在2015年的研究發現，市面上25%的素食狗食，欠缺正確的必需胺基酸。

自製狗食的情況更糟，一項1998年的研究發現，吃自製素食或蔬食的狗狗50%營養不良。貓咪吃素更難維持營養均衡。貓在野生環境中是肉食性，像是牛磺酸之類的胺基酸只能從肉裡攝取，無法自行合成或儲存，因此貓咪吃素必須根據其年齡與體重，非常精細地量身打造。牛磺酸攝取過少會導致眼盲以及心臟衰竭；攝取過多則可能導致嚴重的尿道炎。肉食性貓咪可以從肉裡得到牛磺酸，然而添加到素食裡的合成牛磺酸有數種形式，貓咪對其的吸收速率各有差異，因此不容易透過素食獲得均衡營養。

Q 狗狗為什麼那麼可愛？

A 小狗眼睛大大圓圓的，鈕扣般的鼻子掛在大頭上，跟人類寶寶有很多相似之處，以至於小狗、小貓、小熊以及許多卡通人物，都會引發我們自動化的「可愛反應」。牠們吸引我們的注意力，我們也很享受看著牠們的感覺，這會觸發人類與獎勵、熱情與同理心有關的神經活動。這種反應連結是演化而成的內在行為，促使成人照顧無助的嬰兒，也對他們的需求與感受更加敏感。最近有項研究發現，小狗在八週大的時候最可愛，狗媽媽在這時候讓牠們自力更生不是沒有原因的。

Q 寵物會對環境造成哪些負擔？

A 簡而言之，牠們對環境最大的影響是生產肉類寵物飼料，因為這會消耗土地、水和能源等資源，也是主要的溫室氣體排放源。一項研究估計，飼養中型犬的碳足跡可能和大型運動休旅車相仿。兔子、鼠類等吃植物或穀類的寵物，對環境的影響則小得多。

除了食物以外，牠們還需要玩具、美容產品和各種用品，這些也會對環境造成影響。要減少環境負擔，購買飼料時請斟酌寵物食量，並讓牠們結紮，降低意外懷孕的機率，因為這可能導致流浪動物收容所不堪負荷。最後，有些貓主人擔心自己養的貓會殺死野生動物。雖然依據估計，英國每年有將近三億隻獵物死於貓爪之下，大多是小型哺乳動物和鳥類，但沒有明確證據可證明這是當地野生動物數量遽減的主因。

人類可以冬眠嗎？

冬眠是什麼？

冬季氣溫下降，食物稀少，有些動物因此演化出完全跳過冬季的能力，進入不活動的狀態。這段期間動物的體溫、代謝、呼吸速率都會下降以保留能量，利用事先儲存的體脂肪度過寒冬。著名的冬眠動物包括刺蝟、睡鼠、熊、蝙蝠，其中蝙蝠的呼吸甚至會降至每分鐘五次。就連部分兩棲類也能進入類似冬眠的狀態，例如北美有種木蛙（*Lithobates sylvaticus*）一到冬季就冷凍，心臟完全停止，等春季來臨才會解凍並再次跳躍。

人類辦得到嗎？

1999 年，瑞典女性安娜·伯根霍姆（Anna Bågenholm）因滑雪意外被困在冰封河水中長達80分鐘，被救起時脈搏已停止，但驚人的是，當醫生在醫院裡溫暖她的血流後，她的心臟竟重新跳動，後來完全恢復健康。安娜當時進入了由寒冷導致的休眠狀態，那和動物在冬眠時的經驗很類似。人類若要冬眠，必須找到能安全複製這種過程的方法，而且還要能長期進行。有個可能問題是，冬眠似乎會讓某些動物失憶，所以科學家還得深入研究冬眠對認知過程的影響。

我們為什麼需要冬眠？

如果人類有朝一日想在太陽系外定居，就必須克服星球之間極為遙遠的距離。舉例來說，距離地球最近的星系「南門二」需至少四年才能抵達，而且是以光速移動才有可能。現實中的星際之旅很可能需要數十年、百年、甚至千年，在單趟旅程中世代就會不斷交替。如果能夠長期冬眠，就能節省食物和空間，也比較不會無聊。冬眠也能降低輻射暴露帶來的癌症風險，因為這能降低代謝作用和細胞分裂，身體接收輻射所導致的DNA降解機率也會隨之減低。

Q 如果人類滅絕，會由什麼物種統治世界？

A 人類當然對環境有很大影響，但宣稱「人類統治世界」，是以我們自己選擇的條件為依據。螞蟻數量比人多、樹的壽命比人長、真菌總重比人高，就以上這些數字來說，細菌也都超越人類。它們比人類早40億年出現，生成大氣中的氧。整體說來，細菌的數量是人類的1021倍，總質量更超過所有動物加總。細菌遍布地球各處，從大氣平流層到最深的海底都有它們蹤跡，人類儘管擁有科技，每年仍有數十萬人死於具抗藥性的細菌。人類滅絕之後，其他物種或許會取代人類，但細菌仍然會是地球的統治者。

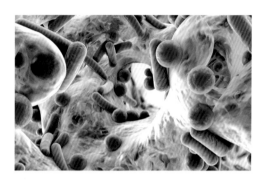

Q 倘若西班牙流感發生在現今，會像當年一樣致命嗎？

A 1918年到1920年被稱為「西班牙流感」的流感疫情，在全世界感染了約五億人，導致多達5,000萬人死亡。相較之下，SARS-CoV-2冠狀病毒有將近3,000萬確診案例，導致超過300萬人死亡（截至撰稿當下）。導致西班牙流感的流感病毒，最終突變成比較沒那麼危險的病毒株，不過若原版的西班牙流感病毒株如今爆發開來，致命性有可能比一個世紀前低得多。

西班牙流感在1918年來襲時，科學家認為是細菌傳染，而直到1931年，我們才發現流感病毒。如今對於流感病毒及其散播途徑有不少了解，且能夠在數個月內研發製造出對抗新流感病毒株的疫苗。此外在1918年到1920年的疫情期間，據估計有95％的死亡病例是細菌性肺炎造成的，也就是感染流感使得某些細菌更容易在肺部內增生。大多數這種病例如今都可以用抗生素加以治療，對於更嚴重的病例，我們也多了人工呼吸器這項資源可供運用。

Q 病毒怎麼從動物傳染給人？

A 每種動物都有些病毒，經過演化後專門住在牠身上。一段時間後，有些病毒會傳染給人，即「人畜共通」。隨著人口數增多，人類深入更偏僻的地區，也就更容易接觸以往碰不到的動物。病毒從動物傳人的方式可能和人傳人一樣，透過接觸黏液、血液、排泄物和尿液等體液傳播。每種病毒都有特定感染物種，所以很難傳給其他物種。人畜傳染通常是偶然發生，且必須接觸大量病毒。病毒起先會很不適應新宿主，也不易傳播，但一段時間後，病毒會在新宿主體內演化，產生適應更好的變種。

病毒傳給新宿主時，導致的疾病通常比較嚴重，因為新宿主物種或許還沒演化出抵抗病毒的能力，而原始宿主和病毒是同時演化，所以有時間提高抵抗力。舉例來說，人類接觸蝙蝠和其身上病毒時，可能感染狂犬病或伊波拉病毒，但蝙蝠本身受影響較小。有三種最近出現的冠狀病毒可能來自蝙蝠，分別是2003年的SARS-CoV、2012年的MERS-CoV，以及近期大流行的SARS-CoV-2。這些病毒都是透過中介宿主從蝙蝠傳染給人，以SARS-CoV-2而言，中介動物不排除是穿山甲。

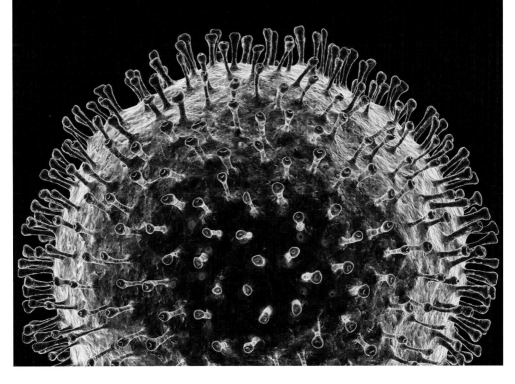

Q 什麼是病毒載量？

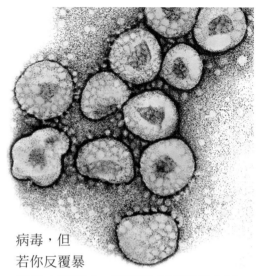

A 病毒載量就是體內的病毒量，不同身體部位的病毒載量也不同，而且會隨著時間變化，病毒增生及症狀惡化時病毒載量會增加，康復時則會減低。近期研究指出，新冠肺炎病患肺部的病毒載量比鼻子更高。

初感染時暴露的病毒量稱爲「感染劑量」，那是另一回事。一般流感和SARS等其他病毒的相關研究指出，感染劑量愈高，也就是吸入的病毒愈多，後續症狀愈嚴重的機率就愈大。如果只暴露於一次劑量不高的病毒，免疫系統或許能在你出現症狀前擺平病毒，但若你反覆暴露於小劑量（一整天下來不斷摸自己的臉），或是暴露於一次高劑量（感染者對著你的臉咳嗽），病毒增生的速度就可能超出身體能控制的範圍。

Q 誰是珍娜 · 藍克萊邦？

A 流行病學有助釐清我們的健康情形，挽救數百萬計的生命。舉例來說，研究人員曾透過世代研究，找出吸菸和癌症的致命關聯，和運動對心理健康的益處。然而率先進行這類研究的科學家珍娜 · 藍克萊邦（Janet Lane-Claypon）卻被迫中途放棄，終身沒沒無聞，只因身爲女性。

1877年，藍克萊邦生於英國林肯郡，攻讀醫學時十分優秀，對流行病學頗富興趣。1912年，她發表關於母乳和牛乳餵養嬰兒的論文，研究手法精細，不僅發現餵養母乳的嬰兒發育較佳，同時排除家庭收入等影響因素。藍克萊邦後來開發出個案對照研究法，可比較某種疾病患者和另一組條件大致相同但未罹病的人。這個方法協助她找出罹患乳癌的風險因素，至今仍被視爲重大發現。

1929年她和一名公務員結婚，卻因法規而不得不辭職。儘管研究有人接手，藍克萊邦本人卻一直沒沒無聞，連採用她的研究法的人也不知道。

Q 未來能避免類似新冠肺炎的流行病再度發生嗎？

A 新冠肺炎（COVID-19）不太可能是人類經歷的最後一場大瘟疫。不過社會群體和各國能共同努力，讓再度發生的機會降至最低；如果真的發生，也能確保全世界都做了更好的準備。造成大流行病的病毒通常會先在動物群體中傳遞，再感染人類，因此減少和野生動物密切接觸，例如動物交易及「溼貨市場」，就能減少病毒傳至人類的機會。森林破壞及氣候變遷可能導致人類遷居至野生動物現居地區，因此處理這些議題也有幫助。再者，我們需要各國加強對現有病毒的監管，並

注意野生動物界是否有任何新型病毒出現。造成COVID-19的冠狀病毒似乎源於蝙蝠，但病毒也可能存在於不同動物身上，包括豬、猴、鳥類。我們需要事先建立好系統網絡，以迅速辨認出新型人類傳染病，並將消息傳至全球。

最後，人們還得加強各國的公共衛生基礎建設。這次疫情初期，許多國家都無法開發出健全的全國檢驗及追蹤計畫，若能部署好措施，就能更迅速控制新疫情；我們還要確保單位有能力開發和製造疫苗，以迅速發展出對抗新疾病的利器。

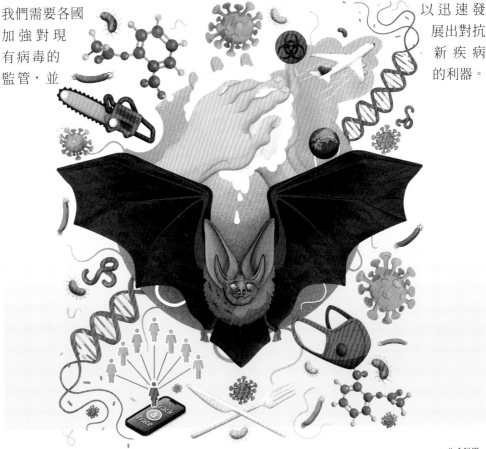

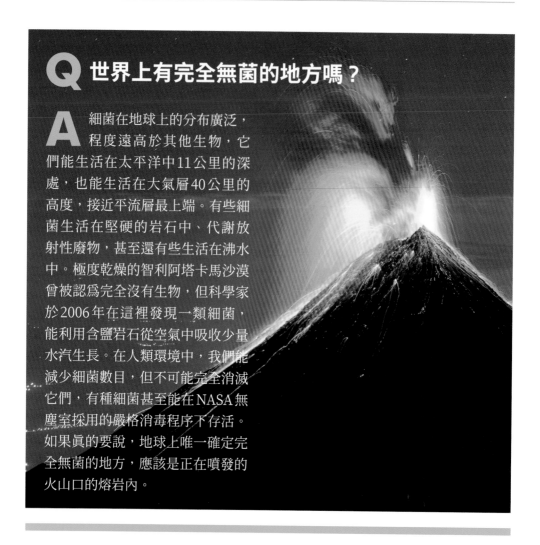

Q 世界上有完全無菌的地方嗎？

A 細菌在地球上的分布廣泛，程度遠高於其他生物，它們能生活在太平洋中11公里的深處，也能生活在大氣層40公里的高度，接近平流層最上端。有些細菌生活在堅硬的岩石中、代謝放射性廢物，甚至還有些生活在沸水中。極度乾燥的智利阿塔卡馬沙漠曾被認為完全沒有生物，但科學家於2006年在這裡發現一類細菌，能利用含鹽岩石從空氣中吸收少量水汽生長。在人類環境中，我們能減少細菌數目，但不可能完全消滅它們，有種細菌甚至能在 NASA 無塵室採用的嚴格消毒程序下存活。如果真的要說，地球上唯一確定完全無菌的地方，應該是正在噴發的火山口的熔岩內。

Q 科學家怎麼知道還有 86% 的物種有待發現？

A 把每年逐漸減少的新物種數目繪製成曲線，預測終點落在何處，就可以估算物種總數。你也可以用外插法預測每公頃雨林發現的新物種數目，再乘以尚未研究過的雨林公頃數。再不然繪製每種發現物種的體型大小，假設比較大型的物種較早發現，再用外插法推論。這些年來採用不同的統計模型，確定地球物種總數約為8,700萬種。目前已有164萬個物種獲得命名，因此還有81%待發現（86%這個數據是根據2011年的總數計算），不過這只包括真核生物（動物、植物跟菌類）。根據一項2016年的研究估計，還有將近一兆個細菌物種有待發現。

Q 物種最少要展現多少差異，才會被歸為新種？

A 這事不能一言蔽之。要把動植物分類爲物種，必須要找出某些該物種內所有成員都具備的共同特徵，而且得獨一無二。這套規則對許多生物來說，運作得還蠻理想，不過生物學家一直都在追求更完美的分類系統，因此物種也一直都有分分合合的情況。

目前至少有26種定義物種的方式，有些會考量體徵或遺傳的相似性，有些則考量族群是否可以雜交，或在牠們沒有被山脈海洋等地理障礙分隔的情況下能否雜交。還有些定義方式著眼於其演化史，根據牠們多久以前具有共同祖先，把物種歸爲一類。

卽使生物學家對定義物種的方式能有共識，要找出產生新物種的那個點仍然很困難。理論上，物種間最小的差異，可以是單一個導致演化樹產生分歧、而使物種一分爲二的突變基因；然而生物學家通常無法當下就發現有新物種產生，是直到後來遺傳突變造成動物外型或行爲有所不同，他們才恍然大悟。

我們最近發現的案例，大概是在2016年，美國維吉尼亞州珍利亞農場研究園區（Janelia Research Campus）以人工方式抽換黑腹果蠅的基因體，改變了單一基因，使雄果蠅的交配「歌聲」頻率改變。帶有此突變基因的果蠅，仍可跟野生果蠅交配，按照大多數定義而言，牠不能視爲個別物種。不過牠們比較喜歡跟同樣產生突變的果蠅交配，因此若這項突變在野生環境中發生，就可能演化出新的物種。

黑腹果蠅是遺傳學家的最愛。

Q 能否像侏儸紀公園一樣，用DNA使物種復活？

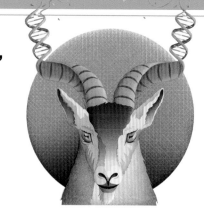

A 要復活已滅絕的物種，必須由這種動物的DNA來提供藍圖。有些DNA可在化石中找到，目前已知最古老的DNA出自70萬年前，加拿大永凍土中馬的骨骼。然而DNA會隨時間分解，科學家認為樣本年代若超過100萬年，就不大可能發現DNA。恐龍早在6,500萬年前就已滅絕，所以抱歉，沒有DNA就沒辦法讓恐龍復活！

不過其他物種倒有可能，2003年科學家曾讓已滅絕的「布卡多山羊」短暫復活。他們從最後一隻母山羊取得含有DNA的細胞，複製後再把胚胎植入馴化山羊的子宮。這頭羊後來以剖腹方式出生，但不久就因肺部缺陷死亡，牠便成為史上第一種復活的動物，但也是第一種滅絕兩次的動物。

其他復活計畫目標包括澳洲的胃育蛙、北美的旅鴿，以及史上獨一無二的長毛象，採用的方法都融合了複製、基因編輯和幹細胞技術，但別期望能迅速看到成果。復活技術還在萌芽階段，所以就目前而言，唯一值得高興的是恐龍其實沒有完全消失。鳥類就是恐龍的直系後代，而且到處都看得到。

Q 第一批恐龍長什麼樣子？

A 恐龍在大約2.52億年前開始演化，也就是地球史上最嚴重的大規模滅絕事件過後的三疊紀期間。西伯利亞大規模的火山爆發導致全球暖化失控，扼殺了多達95％的物種。倖存下來的是些體型跟貓一樣大，能跑得很快的小型爬行動物，牠們就是恐龍的祖先。牠們在2.3億年前形成真正的恐龍，區別在於牠們筆直的腿，可接上由額外的脊椎骨連結到脊骨的骨盆，形狀像窗口的開口處。這些特徵讓始盜龍與艾雷拉龍等第一批恐龍能跑得更快，跨越更長距離，比當時大多數動物花的能量更少。這一批最先出現的恐龍，分化成三個基本的恐龍家族：肉食性的獸腳亞目，長頸的蜥腳亞目，以及有喙嚼食植物的鳥臀目。

Q 最早的恐龍如何擊敗競爭對手？

A 最早的恐龍並沒有立刻統治世界，而是花了3,000萬年以上才確立其主宰地位。牠們在一個與今日截然不同的世界裡演化，當時所有陸塊合成一片延伸到兩極的「盤古」超級大陸。與恐龍分享這陸塊的是早期鱷魚及其近親，牠們是早期恐龍的主要競爭者。鱷魚在三疊紀大多時候都占上風，物種比恐龍多，體型、飲食及行為豐富性也高於恐龍，生活範圍也比較大。但在兩億年前，鱷魚看似要擊敗恐龍時，盤古大陸開始分裂，火山熾烈爆發，噴出溫室氣體，造成全球暖化及另一次大滅絕。鱷魚遭到毀滅，恐龍卻幾乎毫髮無傷地倖存下來。

Q 為什麼有些恐龍長得那麼巨大？

A 我們還不知道為什麼恐龍能夠從三疊紀末期的大滅絕倖存下來，鱷魚卻幾乎消滅殆盡，只剩下少數血統，造就今日的短吻鱷和鱷魚。可確知的是，在接下來的侏羅紀期間，恐龍遍布世界各地，且體型變大很多，如雷龍、梁龍和腕龍等蜥腳亞目恐龍，是當時的重量級動物，也是曾在陸上生活體型最大的動物；有些體重超過80公噸，比波音737的起飛重量還要重。為什麼牠們能夠長到那麼大隻？超有效率的肺部也許是關鍵所在。這些鳥類型態的肺部，連接到可貯藏額外氧氣的氣囊，讓恐龍每次呼吸時，能吸入比我們這些哺乳類更多的氧氣。

Q 恐龍究竟有多成功？

A 就任何客觀標準來看，恐龍都極爲成功。中生代大多時候（2.52億年到6,600萬年前），恐龍主宰了陸地上的生態系，從海邊到河谷再到深山，在兩極到赤道之間各種可想見的環境中生活。牠們分化成數千個物種，體型小如火爆肉食的小盜龍屬，大如跟噴射飛機一樣重的草食巨獸雷龍。有些精於奔跑，有些擅於挖掘，有些甚至會滑翔飛行。有些物種身披盔甲尖刺，有些擁有各式各樣供展示的尖角與冠毛。許多過著群體生活，腦袋很大，感官敏銳，還有許多恐龍（說不定是全部）似乎披有羽毛。現今鳥類確實是從恐龍演化而來，這意味著有上萬個物種，把恐龍的成功延續到今日。

Q 恐龍後來如何在空中飛行？

A 並非所有恐龍都很大隻，有類「近鳥型獸腳亞目」就往相反方向發展。第一批近鳥型恐龍就跟多數恐龍一樣，身上有如毛髮般的羽毛，可能是爲了保持溫暖。隨著近鳥型恐龍體型愈來愈小，身上的羽毛就變得更大，並聚集在一起。之後羽毛就開始在手臂上排成翅膀狀。這些最早的翅膀太小，或許只是爲了展示，無法讓恐龍浮在空中；然而從某個時間點開始，翅膀就變得足夠大，拍動時可提供浮力與推力，讓這些近鳥型恐龍飛到空中，演化出飛行。從這些拍動翅膀的恐龍中，就產生今日的鳥類，換句話說，鳥兒就是恐龍。所以說，雖然三角龍及暴龍等著名恐龍在6,600萬年前絕種，有些恐龍還是存活了下來。

Q 為什麼分類上翼龍不屬於恐龍？

A 翼龍是一種飛行性爬行動物，2.4億年前，牠們和恐龍有著共同的爬行動物祖先，隨後便踏上不同的演化途徑。恐龍的骨骼具有明顯特徵，包括骨盆上類似窗戶的開口，是股骨連接的地方，而翼龍沒有這些關節。牠們有自己專屬的特徵，例如第四根指頭特別長，用途是要支撐翅膀，因此翼龍和恐龍的關係就像我們和黑猩猩一樣，差異極大。

Q 獸腳類恐龍的體型如何？

A 獸腳亞目包含許多恐龍，牠們以兩腳行走，大多是肉食性，體型差異懸殊。這裡列出10個最重和最輕的種類，現代鳥類都是這類恐龍的後代。

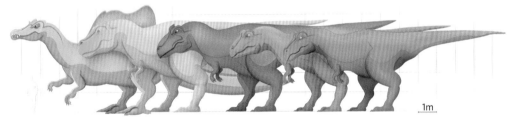

埃及棘龍	暴龍	卡氏南方巨獸龍	丘布特魁紂龍	玫瑰馬普龍
（8公噸）	（7.7公噸）	（6.1公噸）	（4.9公噸）	（4.1公噸）

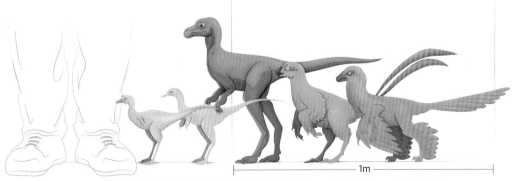

遙遠小馳龍	斑點角爪龍	安氏小力加布龍	胡氏耀龍	趙氏小盜龍
（140公克）	（300公克）	（350公克）	（390公克）	（400公克）

Q 誰是瑪麗·安寧？

A 侏儸紀海岸位於英國多塞特郡和德文郡之間，以蘊藏許多化石著稱，這裡改變了人類對地球生物的理解。1800年代初，這些化石大多被視為奇珍異品賣給觀光客，但瑪麗·安寧（Mary Anning）的發現讓我們真正體會到化石的重要性。

安寧於1799年出生在多塞特郡萊姆瑞吉斯，販賣她在當地石灰岩懸崖發現的化石貼補家用。12歲時，她和哥哥發現了一具完整的魚龍骨架。1823年，她發現史上第一具完整的蛇頸龍骨架，爾後，包括牛津大學威廉·巴克蘭（William Buckland）在內的知名地質學家開始跟她合作。

安寧發現，魚龍骨架周圍的岩石中含有魚骨，她認為這些應該屬於排泄物化石。巴克蘭對這個發現很感興趣，1829年，他宣布安寧的推測正確，這些「糞化石」讓我們得以進一步了解這些早已滅絕的生物。

安寧受限於性別，雖然無法加入維多利亞時代的科學機構，但2010年英國皇家學會將她列為科學史上最具影響力的10位英國女性之一。

Q 恐龍肉吃起來會是什麼味道？

A 恐龍肉吃起來大概會很像雞肉。很多人都說每樣東西吃起來很像雞肉，但這不是開玩笑。鳥類是從恐龍演化來的，也就是說鳥類其實是現代的恐龍。不是所有鳥吃起來都像雞肉，或許有些恐龍吃起來像鴨肉、火雞肉或野鳥肉，依恐龍自身攝入的飲食和脂肪量而定。三角龍、梁龍等草食性恐龍吃起來應該最可口，暴龍、伶盜龍等肉食性恐龍因為經常攝取動物性脂肪，嚐起來應該會很有「野味」，這也是人類吃牛肉但不吃狼肉的原因之一。

CHAPTER 02
人體奧祕
體內小宇宙

Q 我們怎麼知道人類是從猿類演化來的？

A 我們在幾十年內觀察到的演化改變通常不大，蟋蟀就算變得不會叫也還是蟋蟀。但在更長的時間尺度下，例如幾千年或幾百萬年，演化造成的外型改變可能就大得多，所以幾十億年前的微生物有可能就演化成現在所有物種。仔細研究外型和遺傳相似程度，演化生物學家就可得知哪些物種在生物族譜上關係相近。研究指出，人類和黑猩猩的相似程度高於現存其他物種，代表我們演化自相同的「親代」物種，其約生存在700到1,300萬年前。2019年，研究人員宣布發現1,160萬年前的樹居猿類，並命名爲古根莫斯河神猿（*Danuvius guggenmosi*）。這種猿和人類一樣已適應雙足直立行走，但手臂像黑猩猩一樣適合吊掛在樹枝上。這兩個特徵支持人類和黑猩猩源自同一祖先的說法，同時強化了人類確實演化自猿類的化石證據，且理論上還在演化。

Q 演化過程中，哪種感覺在最早出現？

A 人類擁有許多感覺，包括平衡感、熱感、痛感和感受四肢姿勢的能力，也就是「本體感」。但若只針對最基本的五感，味覺應該最早出現，而且遙遙領先。味覺是偵測周遭環境中特定化學物質的能力，早在20億年前，生活在海中的細菌就能感知附近養分，並朝那個方向游去。視覺簡單來說是偵測光的能力，它也出自細菌，但真正可形成影像的眼睛則是5.7億年前才出現在多細胞生物身上，這時許多單細胞生物也演化出偵測觸碰的能力。嗅覺代表的是偵測空氣中化學物質的能力，所以必須再過7,000萬年，才會出現在最早的陸生動物身上。

需在空氣中進行的聽覺最晚出現，因為聲波比光這類電磁波弱了不少，需要特殊構造來放大訊號，尤其是高頻率聲波。功能完整的耳朵直到2.75億年前才形成，但2015年丹麥研究人員提出，肺魚可能已具備基本聽覺。這種魚類可能是最早登陸的脊椎動物，會以魚鰭在淺塘間移動，時間約是3.75億年前。該研究也認為肺魚能藉本身頭部的振動偵測空氣中的低頻聲波，這個部位就成為後來陸生動物的中耳和鼓膜。

Q 人體哪個部位是最近才演化出來的？

A 演化並不像樂透開獎，一下子就可以讓你擁有對稱拇指或彩色視覺這些有用特徵。天擇一直在生物身上修修補補，因此人體沒有哪個部位比其他部位「更晚」演化出來。有些部位倒是變化得很快，下顎是其中之一，在過去10,000年間穩定地萎縮，這是因為人類發明農業跟烹煮技術之後，食物變得軟爛，比較不需要咀嚼。

Q 我們的細菌組成多過於人嗎？

A 人類體內的細菌數量比本身細胞數還多，但比例並沒有那麼極端。2016年以色列魏茨曼科學研究所發現，人體細胞中有56％是細菌（先前估計是90％）。細菌小得多，總重量只有200公克左右，所以就此而言，我們應該有99.7％屬於人類。即使如此，仍不能低估細菌對人體的貢獻，也不需要感到害怕。大多數人類細胞含有粒線體，可將葡萄糖轉換成我們能運用的能量形式。粒線體最初可能也是獨立生存的細菌，後來才和人類形成共生關係。我們不把它當成細菌，是因為它們不會離開人類細胞膜，但它們在許多方面都是獨立的有機體，也有自己的DNA。

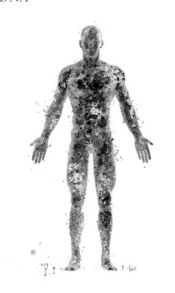

Q 為什麼痘斑容易出現在額頭和鼻子上？

A 痘痘形成原因是皮膚毛孔感染細菌，我們每個毛孔裡都有皮脂腺，負責製造油脂，用於潤滑皮膚和正在長出的毛髮。鼻子和額頭的皮膚製造的皮脂比身體其他部位更多，毛孔又沒有比較長的毛髮可以吸收這些皮脂，所以油脂容易阻塞毛孔，讓堵在裡面的細菌大量增殖，久了就形成痘痘和痘斑。

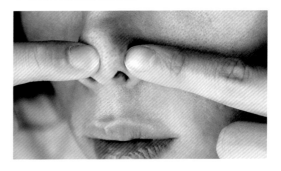

Q 人的眼睛為什麼形狀各不相同？

A 眼睛形狀的主要差別在於上眼皮和內眼角的交會處。在東亞、東南亞、玻里尼西亞人和美洲原住民等民族中，這個地方常會有些微皺褶，稱為「內眥褶」。它是由脂肪堆積在皮下所形成，有個理論是內眥褶可為眼睛抵擋寒冷，或抵擋雪地和沙漠中過量的紫外線。

Q 人可以閉上眼睛，為什麼不能閉上耳朵？

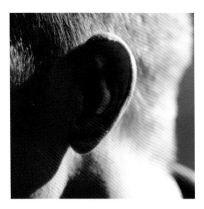

A 人類演化出眼瞼，可保護眼睛乾澀或被刮傷。睡覺反正是在黑暗中，睜開眼睛也沒什麼用處。但是人的耳朵已演化成重要的警告機制，如果樹叢中有老虎吼叫，就能夠及時醒過來。有些動物可以關閉耳朵，如海豹、水獺、河馬，但這是為了讓牠們在游泳時耳朵不要進水。

Q 微笑時為什麼只會對熟人露出牙齒？

A 我們對某人感到安心時，會以比較真誠和自發的方式微笑。微笑時不露出牙齒算是比較勉強的微笑，2009 年荷蘭一項研究也支持這個說法。他們先拍攝受測者擺出微笑的樣子，再讓受測者觀看趣味影片，拍攝受測者自發性微笑。研究人員比較這兩種微笑時，發現真誠微笑時笑得比較開，露出的牙齒也比較多。

Q 手被燙到時為什麼能反應這麼快？

A 手臂上神經衝動傳遞的速度約為每秒50至60公尺，等於神經訊號從指尖傳到大腦再傳回來，只需要約27毫秒。但多數情況下，神經衝動需經過大腦處理，讓你根據感覺做出適當的肌肉活動反應，這需要額外的130至160毫秒。手若碰到爐子，多耽擱一點就足以讓你嚴重燙傷。因此，感受到燙或刺痛等極端刺激時，神經衝動會跳過大腦，讓感覺神經和運動神經走捷徑，只經過脊椎，你才能不經思考就抽手。

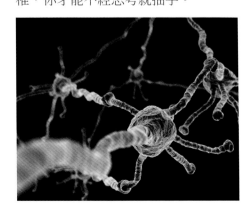

Q 人類的反應時間有多快？

A 科學家研究這個難題的方法，是測量我們需要多少時間察覺感官資訊。依據某些估計結果，我們只需要50毫秒（大約20分之一秒）就能感受感官刺激。事實上，許多人認為大腦能回應出現時間少於四分之一毫秒的資訊。就感知並做出反應而言，有個不錯的評量基準，是短跑選手對起跑槍聲的反應，通常為150毫秒。有個限制因素是人類神經通道傳遞資訊所需的時間，19世紀赫曼‧馮赫姆赫茲（Hermann von Helmholtz）估算這個傳遞速度是每秒35公尺，但現在我們知道，某些高度隔離的神經傳遞速度更快，每秒可達120公尺。

Q 打哈欠為什麼會傳染？

A 無論是對小朋友還是大人而言，打哈欠都會「傳染」，就連狗狗之類的動物也無法逃過一劫！一項針對成人的研究指出，隨著年齡增長，打哈欠會變得比較沒有傳染性。此外，不到四歲的小朋友以及具有泛自閉症障礙的小朋友，看到其他人打哈欠時也比較不會跟著打哈欠。關於這個現象有很多理論，其中一種可能性是這有助於團體裡的人們調整步調，比方說告訴大家該上床睡覺了；另一個理論則認為這有助於調節腦部溫度；打哈欠也可能是同理心的表現，不過並非所有研究都支持這個論點。

Q 為什麼健美選手容易爆青筋？

A 許多健美選手認爲血管凸出是健美的象徵，也就是所謂的「爆青筋」，但爆青筋其實和肌肉大小沒關係。這個現象的成因大多是皮下脂肪大量減少，使皮膚變薄到接近透明。許多健美選手在比賽前會刻意減少水分攝取，使皮下組織緊縮，血管凸出得更明顯。

Q 我們用力時為什麼會發出悶哼聲？

A 當你使力時，軀幹會變硬，可以爲手腳肌肉提供堅固的錨定點，尤其是憋氣讓腹部肌肉緊繃，壓縮肺裡的空氣時效果最好。放鬆並再度吐氣時，會迫使空氣從仍被夾住的喉嚨擠出來，這就會產生悶哼聲。2014年有項研究發現，悶哼可讓網球選手發球更爲強勁。

Q 跑步時為什麼會分泌這麼多唾液？

A 多項相關的研究結果彼此矛盾。天冷時，短程慢跑分泌的唾液似乎較多，溫暖時長跑則會減少唾液分泌量。可能一開始身體試圖彌補張口呼吸時的乾燥感，但時間一長，身體開始脫水，又減少唾液分泌以保留水分。各種運動不論強度，都會使我們分泌較多的MUC5B蛋白質，它會使唾液變黏，因此運動後會口乾舌燥。

Q 走路時我們為什麼會擺動雙手？

A 專家認為，現代人祖先從360萬年前開始直立行走，但手腳協調動作的原因直到最近才釐清。多年來，科學家原以為這僅為保持平衡，2010年荷蘭自由大學雪爾德‧布魯金博士（Sjoerd Bruijn）團隊的研究證實了這個說法，但內容略有不同。擺動手臂在正常行走時不會使我們更穩定，但走在不平坦地面時若突然失足，擺動手臂就有助於恢復平衡。2019年布魯金等人還發現另一項優點：行走時擺動手臂比不動時更省體力。擺動手臂雖耗能，但可以省下身體其他部位帶動前進的能量，兩者相抵更加划算。

Q 手臂夠長的話，有可能用它來跳繩嗎？

A 不可能。有個簡單實驗能證明這點：將雙手在背後互握，然後試著把手舉過頭，你會發現沒辦法舉上多高。肩膀關節的形狀迫使手臂從身後往頭頂轉動時，必須向外傾斜，互相貼近手臂就無法這樣轉動，再長也沒有用。

跳繩之所以能避免這個問題，是因為它是以一條有彈性的線連接你的雙手，這條線可以自由繞轉個半圈再轉回來。跳繩延長的其實是手指而非手臂，不過即使手指夠長，還是得讓雙手握得很鬆，好讓它們能夠輕微旋轉到得以互相交會。身體柔軟度很高的人，可以做到看起來像手臂從身後繞過頭的動作（arm skipping），但那其實是一種滑動，讓雙手各別抬高過頭，一次只旋轉一條手臂。

Q 喉結是怎麼來的？

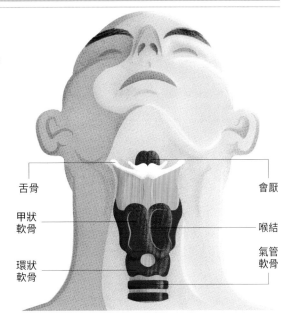

A 喉結是甲狀軟骨頂端的凹陷處，而甲狀軟骨是喉頭周圍具保護性的九個軟骨之一。男女其實都有喉結，但因爲男性的甲狀軟骨在青春期時成長幅度較大，喉頭因而擴大讓聲音變低沉，外觀看來通常較大且明顯可見。喉結本身沒有特別的用處，透過性別重置手術等方法將喉結縮小，也不會改變聲音的特質。

舌骨

甲狀
軟骨

環狀
軟骨

會厭

喉結

氣管
軟骨

Q 人為什麼有不同血型？

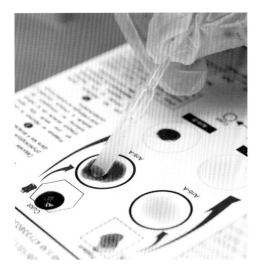

A 人類主要血型共有四種，分別是A型、B型、AB型和O型，這種方式歸類血型是爲了安全輸血。紅血球跟各種細胞一樣，表面存在抗原分子，而每個人的抗原都隨基因有所不同，若輸入血型不同的血液，免疫系統會攻擊這些血液，導致腎衰竭和肺部問題。

奧地利醫師卡爾·蘭德史坦納（Karl Landsteiner）於1901年發現最常見的血液抗原，命名爲A型和B型，並發現有些人完全沒有抗原（O型）。1902年，他的兩個學生發現有些人同時擁有兩種抗原，即AB型。蘭德史坦納和亞歷山大·韋納（Alexander Wiener）在1937年發現另一種抗原，類似恆河猴的某種抗原，故命名爲「恆河因子」。擁有這種RhD抗原代表血型是RhD陽性，如果沒有就是RhD陰性。後來醫學界發現了更多血型分類方法，目前總共有36套系統，涵括抗原多達346種，但大多數極爲罕見，或對輸血沒有特別影響。A型和B型抗原都出現於2,000多萬年前，它們的明確功能還不清楚，但或許在血液凝結過程中扮演某種角色，有助防止霍亂等疾病侵擾。

Q 誰是查爾斯·德魯？

A 血庫是所有醫療機構不可或缺的單位，可為醫師迅速提供攸關生命的重要液體；然而血液極難保存，如果放置不理，它會慢慢凝結並失去血小板等重要成分，並容易變質，處理不當會造成紅血球破裂，若遭到汙染甚至可能致命。1940年，紐約的36歲非裔外科醫師查爾斯·德魯（Charles Drew）也面臨這些挑戰。他剛取得關於血液保存的博士論文，被指派協助供應血液給戰爭中的英國。他立刻把重點放在血漿，因為血漿不需冷藏就可保存得比血球更久，且不需顧慮血型，可提供給任何人。德魯率先建立血庫網，以離心機從受捐血液分離出血漿，再以抗生素和紫外線處理。幾個月內，血庫就運送了幾千公升的血漿到英國，挽救數千名士兵和民眾的生命。隔年德魯開始為美國紅十字會建立血庫網，但官員堅持分別處理非裔族群和白人捐贈者的血液，德魯因而辭職。他後來回到外科工作，但不幸車禍身亡，年僅45歲。

Q 為什麼捲髮那麼捲？

A 有三個原因，全都由基因遺傳決定。首先，長出捲髮的毛囊（叫做濾泡）呈卵狀，直髮的毛囊則較圓。再者，捲髮長出皮膚表面的角度比直髮來得大，使得頭髮在生長時變彎。最後，在髮股的蛋白質分子之間，捲髮會形成比較多的化學鍵，讓頭髮變得更捲。

Q 為什麼長髮往往被視為女性化特徵？

A 雖是如此，在文化上要找到例外並不難，18世紀早期至中期的法國，男性頭髮通常比女性更長。但在歷史上，世界各地多半都將長髮視為女性特質。演化心理學能為此提供一項解釋：男性常受到外表年輕且健康的女性吸引，這代表她們具較佳生育能力，女性則比較注重體力和是否「受人敬重」。由此觀點看來，長髮就是女性繁殖力的視覺表徵，健康的年輕人通常頭髮也長得更快、更濃密。2017年一項研究與此說法相符，當中美國心理學家發現男性常認為長髮女性較具吸引力，且健康年輕。當然，就算這個演化觀點為

真，文化特性和個體差異也會影響我們是否認為長髮是「女性化」特徵。

Q 為什麼光頭看起來比其他部位的皮膚更亮？

A 我們身上大部分皮膚有層細毛，稱為柔毛（vellus），使皮膚泛著桃子般的絲絨光澤。發生雄性禿時，毛囊會縮小變成皮膚細胞，所以完全沒有毛髮，連柔毛也沒有，但頭皮有皮脂腺，所以特別亮。這些腺體會分泌油脂，遍布皮膚各處，且頭皮特別多；油覆蓋皮膚，形成更均勻的反光表面。此外研究指出，活動特別旺盛的皮脂腺，也可能是早期落髮的因素之一。

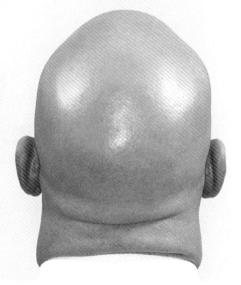

Q 為什麼男生身上這麼多毛？

A 這是遺傳和荷爾蒙共同作用的結果。我們知道幾個與毛髮有關的基因位於X染色體上，表現方式隨種族和個人而不同。毛髮較多也和睪固酮濃度較高有關：睪固酮可讓男性肌肉更發達，因此男性毛髮較多或許是向異性展現睪固酮的一個方式。或許男性的毛髮正是吸引對方的因素之一，我們也在不知不覺間尋找能撂倒長毛象的強壯伴侶。

Q 女生為什麼總是抱怨屋裡太冷？

A 有些研究聲稱女人的溫感比男人更低。2015年，兩位荷蘭科學家的研究廣為媒體報導，當中指出女人感到舒適的溫度比男人高了2.5℃。不過他們的樣本數偏少，其他研究亦指出兩性對溫度的感受並無差別。

這並沒有遏止新的理論冒出來以解釋為什麼女人比較容易覺得冷。有些理論指出，女人的血管在感到冷的時候，收縮得比男人更快更久，可能是因為她們的雌激素比較多的關係。也有人聲稱女人心跳比較慢，是因為她們的代謝率比較低。另一個理論則說女人的脂肪比男人多，使得皮膚隔熱，因此女人的皮膚溫度比較低。

這些理論的證據沒一項全然令人信服。事實上，我們之所以聽到這些解釋，有可能是因為這些事情聽起來比較有趣。女人比男人更喜歡周遭溫度高一點，真正的原因可能只是因為女人穿的衣服，布料通常都比較輕薄。女生抱怨屋裡太冷，可能就只是因為我們的溫感不同而已。

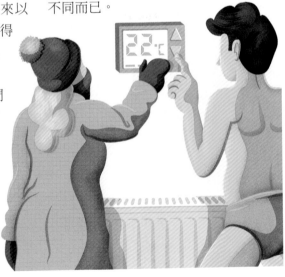

Q 「七年之癢」真有其事嗎？

A 恭喜你已經過了六年幸福的婚姻生活，比一般夫妻還不錯。1999年美國萊特州立大學對數百對新人進行研究，要他們在婚姻頭10年間，每年做一次心理測驗，結果發現他們的婚姻滿意度在頭4年有大幅降低的傾向，接著穩定一段時間，並在七年之後重新降低一波。這項結果似乎支持「七年之癢」的民間傳說，當然這些都是平均數據，其中變異性可能天南地北。

另一份2012年的研究結果較能鼓舞人心，它指出不同夫妻的婚姻幸福曲線也不同，有些人得以維持美滿婚姻好幾年。一般來說，這取決於你跟你的伴侶如何對待婚姻。倘若兩個人情緒都很強韌，能夠共同化解問題並調和彼此需求，就比較可能找到維持幸福之道。如果有小朋友，為人父母這件事能夠適應得多好，似乎也會成為婚姻是否幸福的主要因素。許多研究都指出，若要讓事情進行得順利些，可以考慮持續跟伴侶參與「自我拓展」活動，像是開發新嗜好或探訪陌生之地，以重燃早先在婚姻中享受過的熱情。

Q 懷孕時嘴裡為什麼有金屬味？

A 懷孕女性約有90％會感到自己的味覺改變，最常見的是酸味或金屬味。這種狀況在最初三個月最明顯，這時動情素濃度上升得最快，但實際原因仍不明。一項說法是缺乏鋅，但東京大學2009年研究發現懷孕最初三個月的鋅濃度很正常。

另一個可能原因是過多的荷爾蒙影響膀胱功能，2006年英國布里斯托大學研究發現，尿滯留患者比較容易有怪異味覺，而且這項問題解決後症狀也隨之消失，原因或許是大腦中負責味覺和控制膀胱的區域相當接近的關係。

Q 晨間孕吐在演化上有什麼益處？

A 晨間孕吐似乎是人類特有的現象，而孕吐較嚴重的女人流產率大致較低。有兩大理論可以解釋人類為什麼會演化出孕吐：首先，反胃感通常會讓人厭惡肉類跟重口味，孕婦便免於吃下可能導致食物中毒的食物，這在胎兒最為脆弱的懷孕初期特別重要。第二個理論則認為，晨間孕吐是由健康胎兒分泌的荷爾蒙造成，這些荷爾蒙對於頭三個月胎盤的形成十分關鍵。這種情況

下，反胃感只是荷爾蒙產生的一種副作用，間接代表懷上的胎兒是健康的。

Q 男生吃下避孕藥會有影響嗎？

A 如果只吃一顆，並不會怎麼樣。它有四分之一的機率是空殼，因為大多數避孕藥包裝裡有7顆不含作用成分的假藥丸，用以維持縮退性出血期間的服藥習慣。如果經常服用含動情素和助孕素的綜合性藥丸，會有稍微女性化的效果，如臀部變大、皮膚變嫩和胸部略微漲大。這種動情素的劑量約是變性者服用量的10分之一，但會導致較高的深層靜脈栓塞風險，所以不太適合變性者使用。經常服用只含助孕素的藥丸，主要影響是精子數量減少和性慾下降。

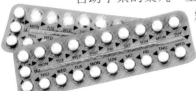

Q 食用胎盤有風險嗎？

A 少數懷孕女性確實會在生產後食用自己的胎盤，新聞常提到這類「食胎盤行為」，有人宣稱胎盤營養豐富、含大量蛋白質和荷爾蒙，可增進母子感情、促進乳汁分泌、減少疲勞、改善情緒，但研究並未證實胎盤具有這些效果。食用胎盤的風險包括：新鮮胎盤加入莓果打成果昔，可能含有鎘、鉛和汞等有毒金屬，同時可能含有病菌（曾有一項研究發現胎盤含有大腸桿菌）。即使是最普遍的胎盤食用方式，也就是蒸過再烘乾的「胎盤錠」，也並非完全無菌。但無需太過擔心，上述這些風險都不算嚴重，最重要的是提供實際的社會和感情支持，這樣妻子或許就會覺得不需要冒險嘗試未經證實的東西。

Q 同性伴侶是否有辦法獲得和雙方都具有血緣關係的寶寶？

A 現在還無法確知。未來科學家或許能取出伴侶雙方的普通細胞（如皮膚或血液細胞），以基因編輯技術將之改造為幹細胞，並誘使它們變成生殖細胞。不論男女，其中一人的細胞可用來製造卵子，另一位則用來製造精子，藉由體外受精技術做出小嬰兒。

2018年10月，中國學者宣布他們在小鼠身上進行了類似程序，使用同性雙親製造出小鼠；同月，日本科學家成功以人類血液細胞製造出卵子。這些研究讓上述構想更有可能實現，但過程也強調了潛在難度。人類卵子非常難以培育，也無法正常成熟，儘管可用兩位母親做出健康小鼠，但來自兩位父親的小鼠出生不久後即夭折。此外，用於製造小鼠的幹細胞必須經過基因改造，才能讓胚胎有最大存活機會，而人類同性伴侶的寶寶也得歷經相同程序；即便如此，在做出的210個胚胎中，只有29個成功存活。

綜合上述來看，至少在可預見的未來，這項技術要應用至人體的風險太高，過程也太難以預測。

Q 如果每個人都自我隔離，是否能根除普通感冒？

A 普通感冒是一種全球疾病，有超過200種病毒株都可能造成普通感冒。多數人是在出現症狀的前1至2天被感染，感染通常持續1至2週，因此若要消滅感冒，需要在症狀出現後隔離至少1週，並搭配檢測追蹤系統來指認症狀出現前可能接觸過的人。這麼多人自我隔離，對經濟和身心健康造成的代價會遠遠超出根除感冒的益處。

Q 感冒可以運動嗎？

A 「脖上測試」是很方便的判斷準則，如果感冒症狀都在頭部，如流鼻水、打噴嚏、喉嚨痛，那還是可以做輕微至中強度的運動。2018年英國巴斯大學研究認為，生病時也能做激烈運動，並佐證運動能提升免疫系統功能。不過生病時運動要慢慢來，若覺得身體不舒服就要適度緩和。如果感冒症狀發生在脖子以下，例如體溫過高或胸悶，最好徹底休息，因為運動會讓體溫升高、身體緊繃，讓你更不舒服。

Q 著涼時為什麼容易感冒？

A 部分原因是天氣不好時大家都待在室內，不流通的空氣助長病菌擴散。2014年美國耶魯大學研究發現，導致大多數感冒的鼻病毒只感染溫度略低於體溫的細胞，溫暖的細胞則能產生大量干擾素來抵擋病毒。在冷空氣中，鼻黏膜變冷，細胞的免疫反應也變弱。

癌症如何發生？

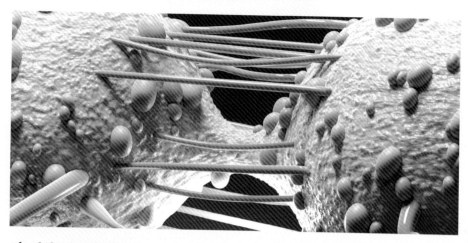

癌症如何發生？

人體細胞絕大多數需要分裂，我們以這種方式長大，也藉此修復受損組織和衰老細胞。為了達此目標，細胞中的DNA會自我複製，過程中可能出現失誤。這類突變相當常見，人體也會自行修復，但在少數狀況下，DNA中控制細胞分裂的部分出現突變，使細胞分裂無法停止。這類癌細胞最後可能形成腫瘤，也可能擴散到體內其他部位。

癌症是否早就存在？

一類與醫學有關的考古學稱為古代腫瘤學（palaeooncology），專門研究歷史紀錄，尋找癌症的蛛絲馬跡。最早的癌症紀錄可能出自西元前2600年的古埃及醫師印和闐（Imhotep），描述病人「胸部出現腫脹團塊」，更早可回溯至170萬年前生活在現今南非地區的人類近親，其腳部骨骼也有癌症證據。所以這並不是現代疾病，但歷史上許多時期缺乏癌症記載，這是因為人類受戰爭、瘟疫和其他傳染病危害時，死亡率提高，與年齡相關的癌症就顯得少見。

人類能擊敗癌症嗎？

最可能成功的方法是免疫療法，是藉助患者本身的免疫系統對抗癌症。一項發表於2020年2月的研究運用基因改造菌尋找並進入腫瘤，在裡面釋出藥物，協助免疫系統辨識並攻擊癌細胞。早期診斷也十分重要，越早發現癌症，它發展到難以治療的機率就越低。同年2月有另一項研究列出2,600多種腫瘤的DNA序列，協助我們找出可能導致癌症的基因組合，讓醫師提早發現及治療，甚至可加以預防。

Q 身體習慣運動後，好處會不會消退？

A 好處絕對會降低，但這不是因為習慣了該運動，而是因為身體越來越接近理想狀態。由於各種生物上的限制，人的體力和耐力沒辦法無止盡地增加，譬如肌肉大小有其成長極限。這深受基因影響，韌帶的力量和肺部攜氧能力也一樣。舉例來說，每週跑步超過48公里的高強度運動，甚至被證實對長期健康有負面影響，會造成肌肉纖維和心臟神經的永久傷害。2013年一項針對超過52,000名越野滑雪選手的研究發現，參加最多賽事的選手，最有可能受心律問題所苦。

Q 哭為什麼會讓人頭痛？

A 因恐懼或悲傷而哭（而非高興）通常不只會流淚。腎上腺素和皮質醇等壓力激素會使臉部和頭皮肌肉緊繃，提高顱部壓力，造成緊張性頭痛。長時間哭泣會牽動臉部肌肉，使肌肉疲勞產生的乳酸和其他化學分子持續累積，此時臉部周圍血管也因肌肉緊縮而收緊，所以這些代謝產物都不容易清除。這些狀況造成的發炎和神經刺激，最後就形成了疼痛感。

Q 為什麼哭過之後會流鼻水？

A 很多事情都會造成流鼻水這種副作用：吹冷風、吃辣咖哩、被營火的煙燻到，或是痛快地大哭一場。這一切的共通之處，在於它們都會讓你淚眼汪汪。

眼睛有一些叫做「淚點」的細小排水孔，位於上眼瞼跟下眼瞼的內側角落，這些淚點透過叫做「淚小管」的通道與鼻子相通，因此任何沒有流下的眼淚都會進入你的鼻子裡。

Q 身體不舒服時，為什麼只有一邊鼻孔會塞住？

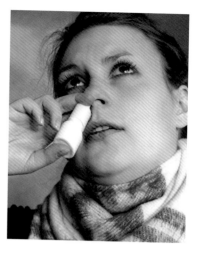

A 原因是所謂的「鼻週期」。儘管我們意識不到，但身體會刻意讓通過兩個鼻孔的氣流大小不均，每幾小時就交換一次。氣流量不變可能使鼻孔過乾，傷害內膜，所以讓一邊鼻孔休息有助於防止傷害。我們感冒時，鼻腔內的血管會因為免疫反應而擴大，鼻腔也會產生較多黏液。這些都會造成阻塞，但目前「輪休」的鼻孔會覺得阻塞比較厲害，氣流較大的鼻孔則覺得還好。

Q 為什麼坐在風口對脖子不好？

A 荷蘭（2002年）和芬蘭（2009年）進行的研究確實指出，坐在風口可能導致脖子痠痛，原因可能是我們會不自覺地縮緊脖子和肩膀來保持溫暖，導致脖子肌肉緊繃。但是並非每個人坐在風口都會脖子痠痛，科學家也不確定為什麼，也許是由於肌肉反應和周遭環境溫度不同，也或許是某些人就是比較不會注意到自己緊繃。

Q 打噴嚏為何讓人那麼舒服？

A 有個說法是，打噴嚏的愉悅程度相當於性高潮的七分之一。精確比例雖仍待商榷，但確實有幾分道理。強力肌肉收縮後的放鬆讓人感到愉悅，因為它會促使身體釋出令人舒爽的化學物質「腦內啡」，你可以用力繃緊腹部肌肉，嘗試看看這種感覺。此外，打噴嚏是我們對「癢」的反應，而抓癢當然會讓人感到舒服。

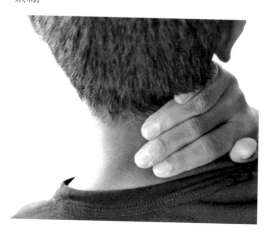

Q 消化口香糖真的要七年嗎?

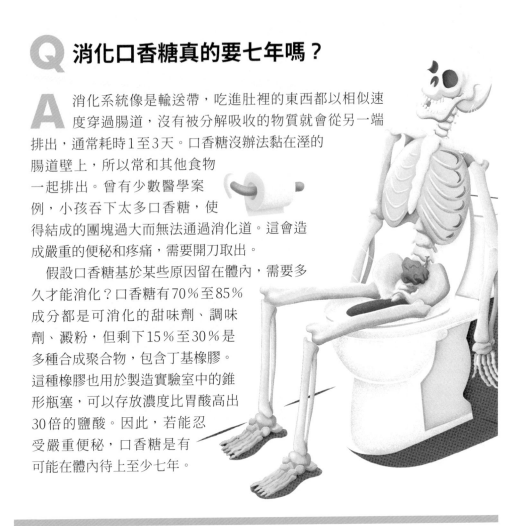

A 消化系統像是輸送帶,吃進肚裡的東西都以相似速度穿過腸道,沒有被分解吸收的物質就會從另一端排出,通常耗時1至3天。口香糖沒辦法黏在溼的腸道壁上,所以常和其他食物一起排出。曾有少數醫學案例,小孩吞下太多口香糖,使得結成的團塊過大而無法通過消化道。這會造成嚴重的便秘和疼痛,需要開刀取出。

假設口香糖基於某些原因留在體內,需要多久才能消化?口香糖有70%至85%成分都是可消化的甜味劑、調味劑、澱粉,但剩下15%至30%是多種合成聚合物,包含丁基橡膠。這種橡膠也用於製造實驗室中的錐形瓶塞,可以存放濃度比胃酸高出30倍的鹽酸。因此,若能忍受嚴重便秘,口香糖是有可能在體內待上至少七年。

Q 為何無論吃什麼,大便都是棕色的?

A 食物通過腸道時,其中的天然色素大多已經消化,但火龍果和甜菜根的紅色算是少數例外。一開始,是老化紅血球分解產生膽紅素,膽紅素再進入肝臟,和膽汁混合。膽汁接著進入腸道,再經由細菌把膽紅素分解成棕色的糞膽素,如此一連串過程便產生了糞便的顏色。

Q 為什麼肚子餓時會不舒服？

A 肚子餓的時候，空胃裡的氫氯酸可能會不斷翻攪，接觸到「下食道括約肌」，這是負責閉鎖胃部上方開口的肌肉。我們嘔吐時也會出現這種狀況，並因此引發噁心感。此外，飢餓還可能刺激腦幹最後區（area postrema），這個區域負責偵測血液中的細菌毒素，讓我們在食物中毒時嘔吐。出於某些原因，血糖極低時往往也會產生錯誤警訊，造成身體不適。

Q 熱食是否比冷食更有飽足感？

A 熱食確實能讓我們飽足比較久，因為它可延後人重新出現食慾的時間。現煮食物會釋出揮發性有機化合物，風味比較豐富，這類額外刺激也讓熱食比營養相同的冷食更有滿足感。此外，熱食不易狼吞虎嚥，慢慢進食會讓大腦感到正在吃大餐，所以享用完熱食，大腦抑制食慾的時間也會比較長。

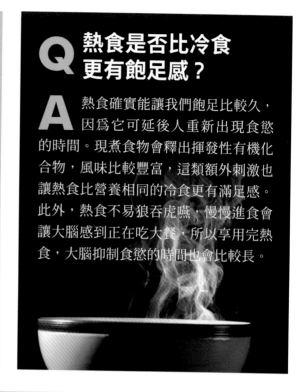

Q 對辣的忍受度可以訓練嗎？

A 舉咖哩為例，它的辣味來自辣椒中的辣椒素，雖然進食過程中沒有組織真的受損，但辣椒素會刺激口中痛覺受體釋放PIP2分子，產生疼痛感。PIP2和痛覺受體連結的程度由基因決定，也就是對辣敏感與否，但反覆接觸辣椒可以降低敏感度。1991年耶魯大學研究顯示，連續6天接觸辣椒足以顯著減少辣味引起的痛覺，由此可見對辣的忍受度應該可被訓練，但就算是真正的辣椒狂熱分子也會感受到激辛咖哩的辣，他們只是很享受那樣的極致感受。

Q 為什麼天氣熱時胃口比較差？

A 人體所有代謝過程都會產生熱，消化也不例外。我們每攝取1,000大卡熱量，只有250大卡轉換成有用的能量，其餘都會成為無用的熱。天氣炎熱時，身體已經得努力防止過熱，不需要再消化大量食物來產生多餘熱量，所以胃口會暫時變小，讓身體改從儲存的脂肪取得能量。

Q 飯後要等一小時，才能去游泳嗎？

A 一般解釋是，胃無法在消化食物的同時出力游泳，這會導致胃痙攣，讓小朋友在水裡掙扎溺水。聽起來好像有點道理，美國紅十字會也曾建議飯後不要立刻游泳，但在當時也有人懷疑這究竟是真是假。

60年代末有幾項研究，讓泳者在下水前的不同時間進食，並未發現有胃痙攣發生。有幾個人反映反胃跟食道逆流的現象，但都不太像性命攸關。澳洲研究者在2005年發現，泳者若在大餐後的兩小時內去運動，會增加腹痛風險，不過沒有證據指出這會對健康造成重大威脅。美國紅十字會顧問委員會在2011年，針對過往所有研究的回顧發現，並沒有證據顯示飯後游泳會造成溺水風險，因此判定兩者之間的關聯性「子虛烏有，毋須理會」。

Q 吃了大蒜麵包，如何除去異味？

A 人體消化大蒜時，當中的異味來源「硫化物」會進入血液，在我們呼氣時從肺部排出，甚至也會從皮膚上的毛孔排出。刷牙（記得刷舌頭）並善用漱口水有助於暫時遮蓋異味，但好消息是，2016年美國俄亥俄州立大學一項研究發現，萵苣、蘋果和薄荷葉含有的酚類化合物和酵素可在硫化物進入血液前將其分解。所以吃完午餐後，可以啃個蘋果或嚼嚼薄荷葉。

飯後來顆蘋果，保持口氣清新！

Q 可以只靠各種口味的冰淇淋維生嗎？

A 冰淇淋主要原料是牛奶、乳脂、糖和蛋。常見的香草冰淇淋每100公克約含有200大卡熱量，所以每天要吃1公斤才能攝取足夠熱量。這樣每天攝取到的蛋白質只有約30公克，稍微少了點，但牛奶和蛋確實含有人體必需的胺基酸。此外，蛋和牛奶還含有維生素A和D，以及大部分的維生素B，缺少的可以靠其他風味的冰淇淋補足。含有真材實料的水果泥和堅果，而不是用香料添加物代替的產品，應該可以提供足夠的維生素C和E。冰淇淋餐的缺點是飽和脂肪與糖分太多，可能提高冠狀動脈疾病和糖尿病的風險，所以即使這種飲食方式可以維生，還是不建議這麼做！

Q 光喝啤酒能活嗎？

A 不可能光靠喝啤酒就能活下去。啤酒含水跟糖，另外還有一點維生素與礦物質，但是缺少完善身體運作所需的其他營養成分，像是蛋白質、脂肪，以及硫胺素（維生素B1）等，維生素C含量也極少或根本沒有。一品脫（約568毫升）的啤酒平均熱量約240大卡，你每天起碼要喝8品脫，才能維持身體所需熱量；然而時間一長，大量酒精會傷害到你的肝與腎。由於酒精利尿，因此脫水也可能會是個問題。

Q 人類一天攝取的液體量有極限嗎？

A 人類的腎臟每小時可排出0.8至1公升的水，所以理論上每天可以喝水20公升，不過要以穩定的步調喝才行。曾發生水中毒致死的案例中，死者在3小時內喝下7公升的水，突然有這麼多水湧入體內，會增加血液中的水量，導致電解質濃度降低，包括鈉、鉀、鎂等礦物質。如果其濃度低於體細胞內的礦物質濃度，水就會經由滲透作用進入細胞以平衡濃度，細胞便因此膨脹。在腦部發生這種膨脹特別危險，因為腦由顱骨圍住，而顱骨無法擴張，所以增加的壓力就有可能造成腦傷，甚至死亡。

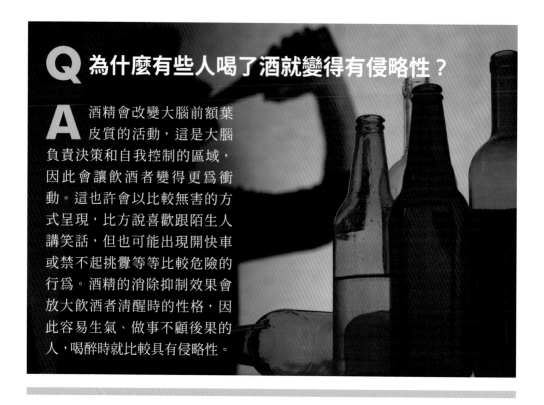

Q 為什麼有些人喝了酒就變得有侵略性？

A 酒精會改變大腦前額葉皮質的活動，這是大腦負責決策和自我控制的區域，因此會讓飲酒者變得更為衝動。這也許會以比較無害的方式呈現，比方說喜歡跟陌生人講笑話，但也可能出現開快車或禁不起挑釁等等比較危險的行為。酒精的消除抑制效果會放大飲酒者清醒時的性格，因此容易生氣、做事不顧後果的人，喝醉時就比較具有侵略性。

Q 喝酒讓我感到焦慮？

儘管酒精能夠使你放鬆，我們還是不建議過量飲用！

A 酒精對心理的影響相當複雜，可能同時對大腦有鎮靜和刺激兩種效果，引發睡意或生理覺醒。這些現象從主觀觀點看來有何感覺，大多取決於當時的心智狀態以及更廣泛的社會脈絡。在某些狀況下，酒精雖然可以鎮定神經，但實驗室研究指出，如果我們已經知道威脅或困境即將來臨，酒就無助於降低恐懼。如果真的有影響，也是因為酒精可以加強我們對現狀的注意，所以可能使我們更專注於現在擔心的事物，進而引發焦慮。此外，酒精會擾亂睡眠，讓我們疲倦和感到無力克服困難，因此更加焦慮。

Q 啤酒先葡萄酒後，是真的嗎？

A 完整的說法是「啤酒先，葡萄酒後，無事一身輕；葡萄酒先，啤酒後，招來一身病」。根據此說法，喝酒精飲料的順序很重要，但其實所有宿醉都有同樣的兇手，也就是酒精。酒精會透過兩種作用造成宿醉：首先它把人體血液中的水導向膀胱，在外出狂歡的那夜，身體的水分流失多於攝取，會在隔天引發脫水性頭痛。再者，肝臟消化酒精的過程會產生乙醛，這種中間產物比酒精本身還毒，所以在乙醛代謝成較安全的化合物前，身體都會感到不適。

不過，喝下的總酒精量比飲用順序對身體影響更大。劍橋大學2019年研究發現，讓自願者先喝下約1.2公升的啤酒，再喝四大杯葡萄酒，和先喝葡萄酒再喝啤酒一樣，都會造成嚴重宿醉。如果上述俗諺屬實，可能是因為先喝葡萄酒的派對場合上，人們比較容易失控。酒精越烈會越快喝醉，也較難控制喝下的總量。

Q 從杯子另一邊喝水可以治打嗝嗎？

A 打嗝是因為橫隔膜不由自主地收縮，使空氣快速流入，突然關閉喉嚨裡葉片狀的「會厭軟骨」，也就因此發出嗝聲。有紀錄可考察的打嗝治療方法大致分成三類。一是提高血液中二氧化碳濃度，比方說閉氣；或者刺激迷走神經，比如用手指挖耳朵（或肛門）；或者以突然驚嚇的方式分散注意力。從杯子另一邊喝水可能兼具後兩者的功能，因為我們必須專注於喝水，冷飲則能透過胃壁刺激迷走神經。如果一口氣喝下一大杯水，甚至還能閉一陣子氣，提高血中的二氧化碳濃度。然而，這些民間療法都沒有科學研究支持，科學家也不了解其中的作用機制。相關研究大多是患者治好持續數月甚至數年「頑嗝」的軼聞，而且這些案例可能有其他原因。對於平常的打嗝而言，安慰劑效應似乎很有用，也就是說只要相信一種療法，這種療法就會有效。

Q 果汁跟汽水一樣對身體不好嗎？

A 果汁的糖含量和汽水相當，甚至可能更高。攝取太多糖分可能導致肥胖、第二型糖尿病和蛀牙等。研究提出的潛在健康風險，加上大眾意識提升，果汁的評價和風行程度近年來已

經大減。不過果汁也不是只有缺點。純果汁確實含有維生素、礦物質和抗氧化劑，可以強化免疫系統、防止感染和發炎，汽水通常沒有這些物質。所以果汁對身體比汽水好一點，但無論喝多少，在天天五蔬果中都只能算一份，這是因為水果榨成汁之後，糖會從水果細胞中釋出，變成游離糖，而且纖維大多都已去除，這兩點都意味著果汁對身體健康來說沒有完整水果那麼好。如果真的很想喝果汁，建議每天不要超過150毫升，同時在進餐時飲用，降低對牙齒的傷害。此外，也可以稀釋果汁以降低糖含量，這樣一來，還可以喝得比較久。

Q 水果中的糖分對我們有害嗎？

A 水果中含的糖分大多是果糖和葡萄糖。葡萄糖是主要食物分子，可直接為細胞使用，然而果糖必須要先轉化成葡萄糖才能被使用。這個轉化過程在肝臟進行，不過肝臟處理果糖的速度有限，一旦超過負荷，就會把果糖轉化為脂肪，因此高果糖飲食容易使人肥胖。令人意外的是，富含新鮮水果的飲食並不是高果糖飲食！因為水果有很多纖維和水分，會減緩消化速度，讓你有飽足感。事實上研究發現，蘋果和柳橙是每卡路里最能帶來飽足感的食物之一，甚至比牛排跟蛋還要飽。所以雖然

一顆中型蘋果含有19公克的糖，裡頭甚至有11克的果糖，不過相較於從氣泡飲料獲取等量的糖（約半瓶可樂），吃完蘋果比較不會覺得餓。你幾乎不可能因為吃新鮮水果而攝取太多糖分，不過這些並不適用於果汁或果乾！

Q 要吃下多少香蕉，體內才會有放射性？

A 香蕉含有豐富的鉀，而鉀有一種天然同位素是具放射性的鉀40，所以它具有少許放射性。一車香蕉的量，足以讓用以搜尋走私武器的放射線偵測器發出假警報，但吃香蕉這件事不會讓我們產生放射性，因為人體本來就有！一個普通成人體內含有約140公克鉀，其中約有16毫克是鉀40，是一根香蕉的280倍。吃一支香蕉會使體內鉀40總量增加0.4%，用靈敏的蓋革計數器偵測得到，但持續時間不長，因為人體新陳代謝會不斷調節鉀含量，幾小時內就會排出過多的鉀。

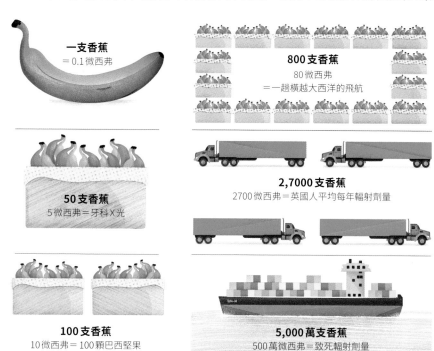

一支香蕉
＝0.1微西弗

800支香蕉
80微西弗
＝一趟橫越大西洋的飛航

50支香蕉
5微西弗＝牙科X光

2,7000支香蕉
2700微西弗＝英國人平均每年輻射劑量

100支香蕉
10微西弗＝100顆巴西堅果

5,000萬支香蕉
500萬微西弗＝致死輻射劑量

Q 為什麼有人覺得香菜吃來有肥皂味？

A 據調查，多達五分之一的人會這麼覺得。這可能是因為他們對於「醛」超級敏感，這種化學物質被用於替肥皂和洗潔劑增添香味，而香菜（芫荽）也含有醛。2012年美國加州一項分析針對逾14,000人的DNA，找出兩個和肥皂味相關的基因變異，而最常見的一種就和專門用於嗅出醛的氣味受器有關。

Q 魚是「補腦食物」嗎？

A 我們全都讀過或聽說過吃魚補腦的說法。2008年確實有一項登上頭條的大型研究，聲稱吃油性魚（oily fish）可減低與阿茲海默症有關的大腦損傷。不過這些聲稱能否經得起檢驗？獨立分析所有可得證據以做出醫療決策的《考科藍評論》（Cochrane Reviews），是很好的資訊來源，而吃油性魚對於大腦的影響，其證據並沒有說服力。比方說《考科藍評論》2012年就指出，魚油對於預防失智並沒有影響；在2016年也發現，魚油對於已罹患阿茲海默症的患者也沒有影響。那麼憂鬱症呢？遺憾的是，他們2015年發現需要有更多證據，才能判斷魚油是否具有任何益處。看起來沒有什麼實在證據指出油性魚能夠改善認知功能，保護大腦免於罹患失智症之類的病症，或是幫助人們對抗憂鬱。然而有些調查指出魚油對於大鼠有助益，但也許還需要更多研究。儘管如此，英國國民保健署還是建議把油性魚當成健康飲食的一部分，因為它可能具有減低罹患心臟疾病風險等某些正面的健康益處。

Q 米飯為何容易造成食物中毒？

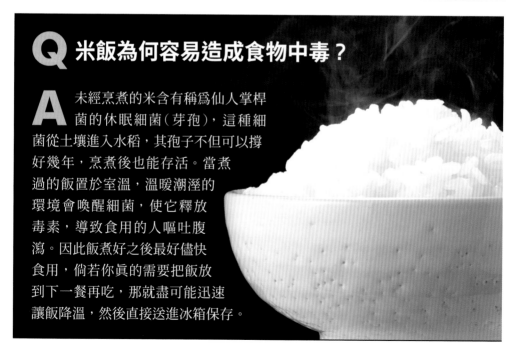

A 未經烹煮的米含有稱為仙人掌桿菌的休眠細菌（芽孢），這種細菌從土壤進入水稻，其孢子不但可以撐好幾年，烹煮後也能存活。當煮過的飯置於室溫，溫暖潮溼的環境會喚醒細菌，使它釋放毒素，導致食用的人嘔吐腹瀉。因此飯煮好之後最好儘快食用，倘若你真的需要把飯放到下一餐再吃，那就盡可能迅速讓飯降溫，然後直接送進冰箱保存。

Q 如果人類的皮膚含有葉綠素會怎樣？

A **還是得吃東西** 光合作用只有3%到6%的效率，若是整天裸身站在戶外，只能製造不到240卡的熱量，相當於3片巧克力消化餅乾。如果沒有補充其他食物，只依賴光合作用，還不足以彌補裸身喪失的熱量，在餓死之前就會先死於體溫過低。

還是需要氧氣 植物行光合作用時，副產品是氧氣，足以供應自身所需。不過既然需要進食才能為新陳代謝提供能量，就表示需要吸入更多氧氣才能把那些食物轉化成能量。光合作用最多只能讓呼吸率降低10%，所以就算太空人可行光合作用，仍然需要氧氣筒。

看起來不會綠綠的 多數植物需要光線合成葉綠素，因此人類皮膚就只有在照得到太陽的地方才會變成綠色。窩在辦公室裡的人以及生活在高緯度地區的人，可能曬不到足夠陽光，除了臉跟手是綠色的，其他部位會呈現淡黃色。而輪班的人皮膚可能介於綠色跟白色之間。

Q 嗅覺為什麼會影響味覺？

A 嚴格說來，味覺只產生在口中，指的是味蕾感知的甜、鹹、酸、苦和鮮味五種基本感覺。但負責感知香氣的鼻子能分辨數千種揮發性化合物，把味覺和嗅覺結合起來，就成為一般人所謂的「風味」，在我們對食物的整體經驗中，兩者扮演的角色都很重要。

Q 味道後來跑哪去了？

A 芳香分子在空氣中擴散，當濃度低於我們的感知底限時，味道就會「消失」。我們的鼻子對某些化合物特別敏感，如硫化氫的雞蛋味在濃度2ppb時仍聞得出來，但去光水（丙酮）的濃度必須比硫化氫高50,000倍才聞得到。有些芳香分子還會在空氣中產生化學作用，變成較不易偵測的化合物。

Q 對人有害的東西會影響嗅覺演化嗎？

A 是的。我們的嗅覺對代表毒素或危險的氣味比較敏感，舉例來說腐壞的魚聞起來噁心，是因爲它含有大量細菌，我們把這個氣味解釋成「吃這條魚會生病」的警訊；把某些氣味跟不好的經驗連結起來後，確實也會對這些氣味比較敏感。但卽使沒聞過屍體，腐爛產生的屍鹼和腐胺的氣味還是很可怕。許多動物都有這種感覺，而且歷史至少已有4.2億年。

Q 糖尿病是否有望治癒？

A 醫學上，糖尿病其實是好幾種情況，但具有共同特徵，就是導致血糖異常升高。人體雖然需要快速取得糖分以產生能量，但血糖值過高則可能導致過早死於心臟病、中風和腎衰竭。

正常狀況下，血糖值由胰臟分泌的胰島素控制，協助細胞吸收血糖。然而機制可能出錯，導致不同形式的糖尿病。英國約有10％糖尿病例屬於第一型，卽胰臟缺少製造胰島素的細胞。出於不明原因，這類細胞會遭體內免疫系統攻擊，因此患者必須定時補充胰島素，通常是藉注射方式。而比例多達90％、最常見的第二型糖尿病，成因則是細胞無法對胰島素充分反應，這種「胰島素阻抗性」會使血糖過高，胰島素需求因此增加，最後造成胰臟傷害。第二型糖尿病通常和飲食含有大量碳水化合物和糖，以及久坐不動的生活方式有關。

雖然這兩型糖尿病都無法治癒，但症狀嚴重的第一型患者可以接受胰臟移植，效果可維持5年。此外也有些患者製造胰島素的功能突然恢復，因此有段時間身體完全沒病。這種現象是否源自藥物，目前仍是熱門研究主題。美國阿拉巴馬大學伯明罕分校2018年發現，血壓控制藥物維拉帕米（verapamil）有助於第一型糖尿病患者維持胰島素分泌，但這項研究仍在初期階段。對第二型糖尿病患者而言，改變飲食、減重和多運動通常對控制症狀有所助益。

Q 該擔心每天沒有走到 10,000 步嗎？

A 走路當然對健康有益，但10,000這個數字其實沒什麼神奇之處。它應該是來自一款日本的計步器「萬步計」，曾在1964年東京奧運期間針對注重健康的人行銷。10,000步的目標長久以來一直存在，可能是因為它容易測量和記憶。但2019年哈佛醫學院一項研究花了4年時間，測量將近17,000名女性的步數，發現助益早在一萬步之前就消失殆盡：活動量最小的女性平均每天走2,700步，增加到4,400步時死亡率降低了40％。每日步數越多，助益越大，但這情況只持續到7,500步，之後死亡率就不會再降低。該研究對象僅包含年長女性（平均年齡72歲），且除了步數之外，還有許多因素可能影響她們在4年內死亡的機率。不過比較概略的結論是，只看步數不一定有幫助，較好也可能較容易達成的目標是每週進行中強度運動150分鐘，方式包括快走。

Q 久坐有害健康嗎？

A 研究者在60年前發現，公車司機心臟病發的次數，是公車售票員的兩倍，差別在於售票員整天站著，司機則是坐著。如今以一般英國成人來說，每天有7小時以上坐著，且年紀愈大時間愈長。長時間靜坐跟活動不足的生活型態有關，進而產生心臟疾病、失智及糖尿病的風險。這會造成惡性循環，關節只要沒活動，肌腱與韌帶周圍的膠原蛋白就會開始變硬，軀幹周圍的姿勢肌也會逐漸弱化，降低你的柔軟度，在彎腰或高舉時更容易繃緊肩背。由於不需支撐體重，你的腿骨會變得更為疏鬆，血液也會積在腳踝處，導致靜脈曲張，甚至形成嚴重血栓。2016年有項超過100萬名對象的分析發現，只要每天有60到75分鐘的適度活動，就可能抵銷久坐帶來的負面效應。在開會時站著或走來走去，講電話時也儘量站著，都是減少平日久坐時間的好方法。

Q 不吸菸的人如果貼上尼古丁貼片，會不會上癮？

A 是有可能，不過貼片的成癮性應該比香菸低。每吸一根香菸，就是吸入1毫克尼古丁；每天貼一片尼古丁貼片，攝入量介於5到25毫克，因此一張皮膚貼片提供的尼古丁量，差不多等於一包香菸。不過貼片是持續穩定地提供劑量，遠不如肺部吸收菸的速度，而大腦會上癮的部分原因是吸菸造成體內尼古丁濃度飆升，之後卻相對落到低檔。吸菸能產生的社交儀式感，也無法藉由貼片獲得，不過少數人表示他們會對替代用口腔噴霧及口香糖產生依賴感。綜合以上，除非你想戒菸，否則不建議採用任何尼古丁替代產品。

Q 洗澡能夠燃燒熱量嗎？

A 拉夫堡大學在2017年進行一項研究，確實發現洗熱水澡會些微提升新陳代謝率。隨著核心體溫上升，心臟必須更加用力，把溫暖血液送到皮膚以保持涼爽。身體也會利用能量製造熱休克蛋白，試著減少高溫對細胞造成的損傷。不過用這種方法減重很沒效率，洗一小時熱水澡所燃燒的熱量，只比靜坐不動多了61大卡，比一塊消化餅乾還少。要是把這一小時拿去做點活動性的事，燃燒掉的熱量還比較多，比方說出門散個步，15分鐘就可以消耗同樣的熱量。

Q 我們真的只用了10%大腦嗎？

A 這只是一項都市傳說：掃描顯示就算沒做什麼事，大腦幾乎所有部分仍處於活躍狀態。大腦的確具有可塑性，也有很大潛力能學習新技能，但這多半是由建立腦中新連結和網絡所達成，而不是活躍先前閒置的區域。大腦非常耗費能量，使用代價極高，所以若只使用此器官的一小部分，這樣的演化結果並不合理。

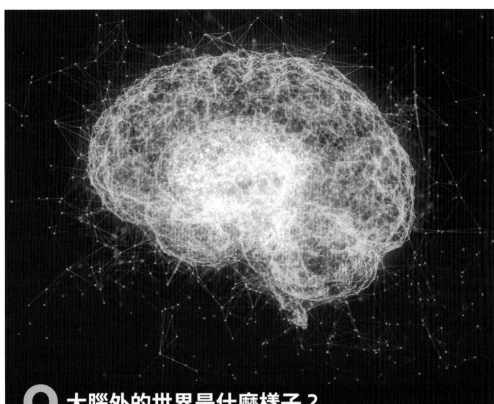

Q 大腦外的世界是什麼樣子？

A 這問題呼應了美國哲學家湯瑪斯‧內格爾（Thomas Nagel）的經典論文《身為蝙蝠是什麼感覺？》。這種生物能藉助回聲導航，他寫道，人沒有蝙蝠的感覺器官，所以不可能脫離自己大腦以蝙蝠的觀點看世界。同樣我們可以主張，必須藉助大腦了解世界模樣，因為我們要透過感官才能感知客觀事實，如照射到視網膜上的光波波長，或刺激鼻子神經細胞的氣味分子。我們甚至無法真正知道其他人大腦看出去的世界是否和我們相同。舉例來說，我所謂的「紅色」在讀者們看來或許就不

一樣。世界的某些面向是人類感知不到的，如無線電波、鳥類和蜂等可感覺到的紫外線、還有蝙蝠使用的超音波。真實世界中可能還有許多面向，任何生物或最先進科技都感知不到，這正是科幻作家和神祕主義者的靈感來源。雖然我們感知世界的能力受神經系統限制，但也不應該輕視它的潛力。人的感覺不只五種，還包括平衡感、飢餓感和本體感，也就是身體位於哪裡的感覺。近年研究更指出，我們可以透過用嘴巴發出聲音來學習回聲定位，就像蝙蝠一樣，有些盲人就是這麼認識周遭環境的。

Q 什麼是意識？

A 就醫學觀點來看，意識是一種對於我們當前覺察程度的描述：全然清醒的人們就是全然有意識，另一個極端就是昏迷的人們沒有意識，因為他們沒有主觀思維或覺察感。其他像是睡眠或喝醉等意識狀態，則介於這兩者之間，覺察程度與主觀清晰度有減損，但並未完全消失。就哲學觀點來說，意識很難定義，通常指的是「現象學意識」，就是身為一個人或事物的主觀感覺。哲學家把這些主觀意識經驗稱之為「感質」（qualia），比方說紅色的紅，咖啡的苦，都是感質的例子。科學家要研究感質有其難度，因為我們永遠也無法確切知道，另一個人是否具有某種主觀意識經驗。

對於人類大腦如何產生主觀意識感，神經科學家仍無定論。有個頗受歡迎的理論叫做全局工作空間理論（global neuronal workspace theory），把心智比擬為劇院，認為當某件事物成為我們注意力「鎂光燈」下的焦點時，就會導致神經活動傳播到純然感官處理區域之外，讓資訊或經驗達到意識經驗的程度。

Q 凌晨醒來就睡不回去，怎麼辦？

A 這可能是失眠的徵兆。通常建議採用認知行為失眠療法（CBT-I），人們藉此學會在睡不著時就該起床做些有助放鬆的事情，像是閱讀或聆聽和緩音樂，直到又有睡意為止。正念療法或肌肉鬆弛等技巧，也可以跟 CBT-I 整合應用。不過有些人早醒有其他原因，比方說某種睡眠相位前移症。擬定任何睡眠相關的診療計畫之前，一定要跟健康照護員討論。

Q 穿襪子上床睡覺不好嗎？

A 事實上這能讓你睡得更好。2007年荷蘭神經科學研究所發現，穿著襪子睡覺會比沒穿襪子更快入睡，原因是雙腳溫暖時會讓身體誤以為天氣太熱，促使更多血液流往皮膚，讓身體核心溫度略微降低，核心溫度降低又會通知大腦準備入睡。不過，建議你換掉白天穿的襪子再上床，這樣感覺會更舒爽。

Q 睡前多久不該再喝水？

A 一杯水從入口到進膀胱，大概需要1小時以上，所以就寢前1小時不再喝水會是個辦法。一躺下就很想跑廁所，是因為身體器官移位，膀胱裡不管有什麼都會受到壓迫。此外，一直擔心沒跑廁所就睡不好覺，也會讓注意力都放在這件事上而放大尿意。若真的需要起床尿尿，那就放寬心吧，這應該是你整晚的最後一泡尿，因為睡眠時身體會自動抑制尿液產生，免得你脫水。

Q 睡眠是什麼？

A 睡眠是改變了的意識狀態，此時個體較不易察覺周遭狀況。不同動物的睡眠方式可能也不同，例如海豚通常只有一半大腦入睡，甚至可以邊睡邊游泳。

對人類而言，睡眠共有四個階段，N1、N2、N3和快速眼動期（REM）。N1是睡眠最淺的階段，通常出現在剛入睡時，持續時間不到10分鐘。在N2階段，我們睡得更熟，此時特徵是短暫但振幅較大的「K複合波」，以及一連串振幅較小的「睡眠紡錘波」。N3階段睡得最熟，特徵是緩慢的 δ 波；到了REM睡眠期，大腦活動和呼吸頻率都明顯加快，眼睛朝各方向快速轉動，最栩栩如生的夢境常出現在此時，因大腦會使肌肉麻痺，所以我們無法活動肌肉。整個晚上，我們都會在四個睡眠階段間循環，成人每次循環約需90分鐘。

Q 人為什麼要睡覺？

A 睡眠對身體、大腦都有許多益處，譬如對製造生長激素等荷爾蒙十分重要，這些物質可刺激受損和接近死亡的細胞再生。此外，睡眠也可讓我們恢復、調整和平衡體內特定生理過程，美國羅徹斯特大學2013年發現，清醒時累積在大腦中的毒素可在睡眠期間清除乾淨。

睡眠在強化免疫系統、學習、整合記憶以及情緒調節等方面扮演的角色都相當重要，這些都和我們管理感情與行為的能力有關。

Q 有沒有可能累到睡不著？

A 我們絕對有可能同時感覺疲倦又難以入睡。特定的生活壓力和健康問題會讓人筋疲力竭，但又難以放鬆、入睡，而睡眠不足可能會打亂我們的自然節律，讓我們在平常該睡覺的時間無比清醒。褓姆或父母有時會說他們的寶寶「累到睡不著」，這是因為嬰兒醒著的時間太長，超出他們小小身體的負荷，導致壓力和難以鎮靜的結果。

Q 睡姿跟個性有關嗎？

A 目前為止的研究結果不一。心理學家理查‧魏斯曼（Richard Wiseman）2014年研究發現，創造型的人傾向以左側躺下睡覺，外向者則表示他們睡覺時傾向靠近伴侶。美國一項2002年的研究也發現，晚上趴睡的人，比較焦慮跟缺乏自信。不過西徹斯特大學研究者在2012年指出，睡姿與個性之間只有微弱的相關性，同時也點出各項研究不一致之處，所以我們需要更好的研究成果才能做出結論。

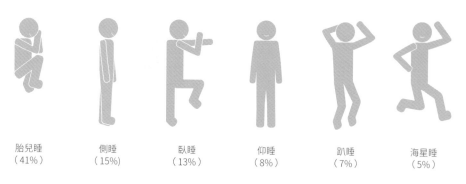

胎兒睡	側睡	臥睡	仰睡	趴睡	海星睡
（41%）	（15%）	（13%）	（8%）	（7%）	（5%）

Q 為什麼最棒的點子總是在入睡時才浮現？

A 從清醒轉入睡眠的過程叫做「朦朧狀態」，據說這與創造力有關。超現實藝術家達利稱之為「握著鑰匙的小睡」，瑪麗‧雪萊則說她是在夢遊時，得到撰寫《科學怪人》的靈感。朦朧狀態與創造力之間有何關聯，實際上沒有多少科學研究，不過我們的心智在這個狀態下可以四處漫遊，較有可能產生自發性的創意思維。若接下來立刻睡著，靈感大概就會被忘得一乾二淨，所以在床邊準備好紙筆吧！

Q 睡覺時為什麼會做夢？

A 心理分析專家佛洛伊德曾假設，做夢可提供關於「無意識心智」的線索，有助於滿足我們隱藏的慾望。許多科學家現在否決了這個理論，因為他的依據只有一小群人，而且說法幾乎不可能驗證。現在較風行的說法是，做夢可協助我們處理、解決白天經歷的各種情緒，也有理論認為夢是現實世界的「虛擬實境」模型，可讓我們測試認知過程，模擬潛在威脅或事先演練社會情境，因此也是一種生存機制。不過，夢也可能沒有任何特定功能，只是大腦在我們睡覺時繼續運作的副產品。

Q 為什麼會演化出睡眠？

A 睡眠的演化有點令人費解，人類一生約有30%的時間花在睡眠上，但這時候我們的警覺性最低，不容易注意到威脅，比方說，讓我們的祖先難以留意覓食的老虎。睡覺時我們也無法吃喝、繁衍，但這些都是存活的關鍵。著名睡眠科學家艾倫·雷赫夏芬（Allan Rechtschaffen）表示，「如果睡眠沒有重要功能，那將是演化的最大失誤。」相關理論包括：睡眠有助節省體力，以備清醒時使用；睡眠可讓我們在黑暗的夜晚減少活動，降低碰上危險的機率。

Q 我們需要多少睡眠？

A 這點取決於年齡。2014年一項回顧研究推測，一至兩歲的幼童每晚通常需要11到14小時的睡眠，接著便隨年齡減少，青少年通常需要8到10小時，成人則需要7到9小時。不過每個人都不一樣，有些成人睡6小時也依然沒有問題。

然而，如果覺得自己只睡4小時也不會怎麼樣，那就是在拿身體開玩笑了！此外，睡太多也不好，以成人來說，每晚最好不要睡超過11小時。睡眠過量和心血管疾病、肥胖、糖尿病等問題有關，但原因尚不清楚。可能是由於這些疾病導致睡眠過度，也可能因為在應該醒著時睡覺，會對身體造成某些傷害。

Q 聾人睡覺時會打手語嗎？

A 據說有些學會手語的人，睡眠期間確實會偶爾使用手語。這件事並沒有多少科學資料可佐證，不過2017年一項案例研究提到，有位71歲老人同時患有嚴重聽覺障礙和「快速動眼期睡眠行為障礙」，在這段睡眠期間無法讓肢體癱鬆。研究者觀察到他在這時流暢地打手語，甚至可以透過解讀手語，得知他做了什麼樣的夢。

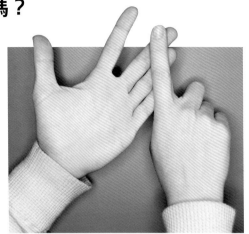

Q 為什麼有時午睡完會覺得糟糕透頂？

A 睡眠科學家發現午睡有非常多益處，有助減低壓力、提升免疫系統、改善心情。午餐後小睡一下，能幫助我們保持警醒並提升工作表現，甚至還有證據（雖是來自多項小型研究）支

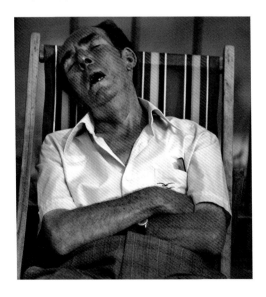

持午睡前喝杯咖啡的作法，因為咖啡因和睡眠能讓人在睡醒後精神飽滿。

即便如此，也並非所有人都適合中午打個盹。很多人睡醒後會感到昏沉無力，這在午睡超過20分鐘較有可能發生，稱為「睡後遲鈍」。我們不知道造成這種狀態的確切原因，但或許和「腺苷」有關，清醒時這種分子會在腦內累積，睡眠時則會減少；睡醒前沒有完全清除腺苷，可能是導致昏沉的原因。但就算短暫午休也可能造成睡後遲鈍，所以一定要讓自己徹底清醒再去做事，比如開車。午睡會讓我們晚上比較沒有睏意，所以不推薦失眠的人這麼做。基因似乎會影響嬰兒午睡的時間長短，這或許有助解釋為什麼有人午睡後狀態絕佳。如果午睡不適合自己，也不需感到壓力，晚上好好睡一覺就行！

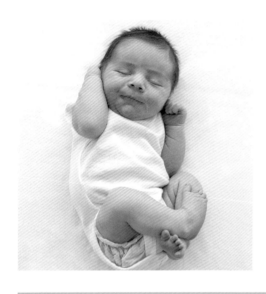

Q 寶寶會作惡夢嗎？

A 無法確定，因為小寶寶沒辦法跟我們說！有鑑於嬰兒的認知能力，專家認為他們不會作惡夢，倘若他們餓了或是覺得不舒服，會直接醒來，大哭大鬧。不過他們從深度睡眠醒過來時，偶爾會顯得有點困惑或害怕。惡夢一般發生於快速動眼期（REM），當小孩子對世界具有更豐富的理解，才會比較容易作惡夢。

Q 嬰兒生下來就懂得對錯嗎？

A 早期心理學者大多認為嬰兒天生沒有道德感，必須在成長過程中慢慢學習。現在我們知道，雖然道德感必須等到青春期後才會完全成熟，但嬰兒似乎已懂得基本的道德界線。2010年美國耶魯大學進行一項研究，讓最小僅3個月大的嬰兒觀看不同形狀的木塊在假山上演出「實境秀」。不同形狀代表不同角色，有些協助其他角色努力向上爬，有些則出手阻礙。研究人員發現，嬰兒喜歡看到幫助他人的角色，代表人類天生偏愛利他的社會行為。以5個月大嬰兒進行的研究則指出，嬰兒具有「報應」的概念，喜歡讓阻礙者自食惡果的角色，而不喜歡幫助阻礙者的角色。

公平感也出現得相當早，2019年美國華盛頓大學的研究讓13個月大嬰兒觀看研究人員分配餅乾給另外兩個成人，有些人分配公平，有的不公平。當嬰兒有機會跟研究人員互動時，往往更親近分配公平的人，代表嬰兒偏愛公平。最後，有一連串可愛的研究指出嬰兒偏愛回應他人的需求。嬰兒滿週歲時，已經懂得安慰傷害自己的人，或試圖協助他人取得拿不到的物品。這些行為都是自發的，因此科學家相信嬰兒還沒有完全學會對錯，但已有偏愛良好行為的傾向。

如何更有創造力？

放任白日夢

覺得無聊也不錯，可以讓思緒自由自在地漫遊。英國中央蘭開夏大學2014年發現，人們如果先去做些無聊的事，之後需要創造力解決問題時，表現會比較好。

把燈光調暗

德國研究2013年發現，偏暗的照明可解除心智限制，鼓勵思緒變得更為大膽，樂於探索各種可能。

放點音樂

背景噪音太吵的話，人就很難專心，不過2012年有研究發現，70分貝的背景噪音，如一般廣播或電視，有助提升創造力。背景噪音似乎可促進人們進行抽象推理。

站起來

開會時站著，會製造一種興奮及共享資訊感，同時降低因向別人強推自己想法而帶來的領域感。美國華盛頓大學發現，站立可提升群體決策的創造力。

散個步

賈伯斯經常進行散步會議，史丹佛大學在2014年也指出，就算是在踏步機上散步，也能提升創造力。目前尚不清楚原因，可能是輕度運動會提升血液流量，心情也會變好。

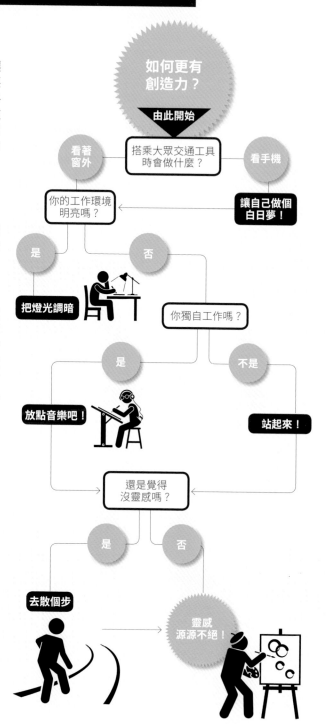

如何更有創造力？
由此開始

看著窗外
搭乘大眾交通工具時會做什麼？
看手機

讓自己做個白日夢！

你的工作環境明亮嗎？

是　　否

把燈光調暗

你獨自工作嗎？

是　　不是

放點音樂吧！

站起來！

還是覺得沒靈感嗎？

是　　否

去散個步

靈感源源不絕！

Q 恐音症有得醫嗎？

A 最近才被心理學家發現的恐音症（misophonia），指的是當聽到人類製造出來的聲響而感到惱火厭惡的現象，像咀嚼、啜食、呼吸、輕踏等。雖然言之過早，初步研究已指出認知行為療法也許有助患者學著不要去注意這些聲響，並練習在聽到時放鬆。

基於接納與承諾療法所研發出的療程也被證實有效，這需要病患練習把觸發症狀的情形（比方說有人吃東西）用一種就事論事、不帶判斷的方式，敘述給自己聽。

Q 冥想有風險嗎？

A 儘管許多證據指出冥想有益，但不是完全沒有風險。它需要沉思和集中意識，可能更使得不安的想法和感受浮現，2017年西班牙和巴西心理學家一項調查發現，25％經常冥想的人曾有「不愉快的經驗」，包括恐慌發作、情緒激動和脫離現實。所以你或許沒有什麼地方做得「不對」，事實上許多傳統方式將如何面對挑戰視為重要課題，並學習接受它和處理它。不過，有些人特別容易經受冥想的風險，舉例來說，原本就有嚴重焦慮的人冥想時，可能出現「放鬆引發焦慮」的現象。這可能是因為他們進入比較放鬆的狀態時，會害怕回到原本的焦慮程度。如果有相關心理問題，應該先尋求專業協助，再繼續嘗試冥想運動。

Q 需要擔心孩子有個幻想好友嗎？

A 心理學家一度認為這是種性格缺陷，或是無法分辨幻想和現實的徵兆，但現今這被認為是一個極為普遍，甚至有益的現象。

約有半數兒童曾有過一位幻想朋友。這有助於讓孩子理解成人世界，並學習關注他人的情緒和精神狀態，此外也能讓孩子練習語言和敘事技巧，在寂寞時感到安心。透過照顧幻想中的朋友或教導對方怎麼做事，他們讓自己感覺有能力和支配感，所以如果你家孩子曾對著娃娃或牆壁喃喃自語，請不必太擔心！

Q 為什麼我們會有密集恐懼症？

A 密集恐懼症顧名思義，就是對叢聚的孔洞或隆起有莫名的恐懼，像是蓮藕、打好奶泡的咖啡、蜂巢，還有充滿孔洞的烤麵餅。這種病症還沒有被精神科正式認可，不過近年來相關研究呈爆炸性成長。

兩位英國艾塞克斯大學的心理學家2013年的論文描述了這種症狀，指出這是由相似叢聚圖樣的影像所引起。根據研究，密集恐懼症患者一看到叢聚孔洞時，就會有顫抖、發癢、毛骨悚然或反胃等反應，有時還會陷入恐慌，想要放聲尖叫，甚至搗毀這些孔洞。

研究團隊認為，密集恐懼症可能是演化留下，因為某些具危險性的動物，例如蛇跟蛙，皮膚上有類似的叢聚圖樣。日本有研究者發展出一套理論，認為這種病症反應的，是人們對於各種看似皮膚病的圖樣過度敏感。

如今各大網站都有密集恐懼症患者的社群，裡頭充滿會讓人覺得一發不可收拾的影像。據估計，約有15％人口是密集恐懼症患者，所以忍不住想要看的話，最好小心點！

Q 病態人格有辦法治療嗎？

經典病態人格角色：人魔漢尼拔。

A 病態人格者（psychopath）衝動、攻擊性強，而且毫無同理心。他們犯下謀殺罪或者恐怖的性犯罪後絲毫沒有任何悔意，而且藥物、催眠以及電療等各種醫療行為都無法治療他們的行為。希特勒、英國的連續殺人狂「偉斯特夫妻檔」以及開膛手傑克都傳言是病態人格者。

病態人格者的腦部掃描有異常，這種異常甚至在幼兒時期就出現。將他人痛苦的影像秀給病態人格者看時，他們腦中掌管情緒的區域像是杏仁核、下視丘和眼窩前額皮質，活躍程度遠低於預期。直到最近，研究人員都認為病態人格無藥可治，但現在義大利的研究團隊宣稱可藉由直接刺激腦來完全改變病態人格者的腦連結。可能的做法有顱骨下植入電極，或者使用跨顱磁刺激這種非侵入性方法。但該研究團隊的領導人也曾聲稱，不久後我們就可以移植人的腦袋——對於他們講的話，我們或許要再觀望看看。

Q 真實犯罪故事為何如此令人著迷？

節目《連續犯案》（Serial）講述阿德南‧塞義德（Adnan Syed）因謀殺李海珉（Hae Min Lee）入獄，但他始終堅稱自己清白無辜。

A 近年來犯罪故事受到空前歡迎，命案謎團跟偵兇劇情充斥門市書架和電視節目，「真實犯罪故事」的類型也重獲新生。根據演化心理學家認為，我們會被這些故事吸引，是因為自狩獵採集時代以來，謀殺、強暴跟竊盜一直都在人類社會中扮演重要地位。我們天生就對犯罪行為高度關注，直覺想要探究何時何地、是誰做的、發生什麼事，找出罪犯蠢蠢欲動的原因，進而保護自己和親人。

2010年伊利諾大學厄巴納香檳分校發現，女性比男性更容易被真實犯罪故事吸引，殺人動機、受害者如何脫逃，及女性受害者本身，都是她們感興趣的部分。這符合演化上的觀點：人們直覺上會被能夠讓人們認同受害者、並從中得到打擊壞蛋祕訣的故事所吸引。當然還有其他原因使我們被這些劇情吸引，比方說案例中的解謎元素，或是浸淫在精采故事中的體驗也確實令人滿足。

Q 愛看血腥恐怖片是不是有什麼病？

A 影史上有許多血腥恐怖片，喜歡的人所在多有，看看《奪魂鋸》系列的票房數字就能理解。血腥電影吸引人之處，在於它能喚起內心深處的震撼和激動，但不是每個人都喜歡。研究指出，喜歡看血腥電影的人通常同理心分數較低，而「尋求感官刺激」的個人特質分數較高。德國耶拿大學心理學家進行的大腦造影研究也指出，感官刺激追求者（通常也喜歡刺激遊樂設施和危險運動）觀賞一般電影時的神經活動程度通常低於普通人，但這類人的大腦常對可怕或暴力畫面反應特別強，代表他們非常渴望這類刺激。此外，問題沒有提到是一個人看還是跟其他人觀影。如果看這類電影時，你是喜歡跟伴侶一起窩在沙發上，那麼你喜歡恐怖片可能還有一個原因，就是這類電影能讓你們更親密，1980年代的心理學家稱之為「依偎理論」。

Q 為什麼有些人比較容易感到噁心？

A 心理學家把「容易感到噁心」稱為「噁心感度」或「噁心傾向」，這是演化形成的情緒反應，提醒我們避開可能造成汙染的物質，例如血液、膿或排泄物。這類反應以求生而言顯然是優點，有助避免傳染病和有毒食物，但過度敏感的噁心反應反而可能成為缺點，使我們難以嘗試新食物或搭乘擁擠電車。每個人容易感到噁心的程度可能隨祖先所處的環境而變，情緒的差異程度也會代代相傳，此外影響噁心感度的因素還包括雙親反應等早期的社會化學習，以及衛生整潔方面的社會習俗等。

Q 另一半蒐集的鉛筆橡皮擦已經快要占滿整間房子，該怎麼理解他？

A 蒐集特別物品的行為往往比我們想像的更普遍，且可能牽涉許多心理因素。首先，人類喜歡積聚資源，如食物或工具，早先或許是為求生存或地位，但現在往往演變成更特殊的方式，例如蒐集橡皮擦。這類收藏習慣或許類似成人的「小被被」，儘管周遭一切都在不斷改變，蒐集者依然完全掌控自己日益豐富的藏品，可能累積數年甚至數十年，這種表面上的永恆也可為生存焦慮提供慰藉。許多蒐集者更會擬定詳細計畫，規劃身後該如何處理藏品。伴侶的收藏目標或許讓你感到奇怪，但橡皮擦也是相當有趣的東西，它體積小、價格便宜，有無限多種外形，而且能滿足多種感官（他一定有蒐集香水橡皮擦），也很可能充滿主人的童年記憶。

Q 整天盯著螢幕會不會導致失明？

A 許多人每天花上不少時間觀看電腦、手機和平板螢幕，長時間下來可能導致頭痛、眼睛疲勞和視力模糊等症狀，統稱為電腦視覺症候群（CVS）。這是由於眼睛必須連續運作，聚焦在距離很近的螢幕上，且使用螢幕時眨眼頻率也會減少到每分鐘僅五次，使眼睛更乾癢。然而目前研究仍未發現使用螢幕和近視、白內障等長期眼部問題有關，美國俄亥俄州立大學一項為期20年的研究曾發現，長時間盯著電腦螢幕的兒童未來需要戴眼鏡的比例並沒有比較高。不過，每週至少在戶外遊玩 14 小時，確實能降低得到近視的機率，可能因為戶外比較明亮，能刺激釋出多巴胺，減緩眼球生長速度，讓它比較不容易變形。成年之後，降低眼睛疲勞的最佳方法就是每20分鐘休息一下，把眼睛移開螢幕，看看窗外20秒。

Q 為什麼我們會偏愛某些顏色？

A 有個可能解釋是，我們經過演化，比較喜歡古代祖先認為跟生存、安全，以及健康有關的顏色。成年人喜歡藍色調更勝於黃棕色調，可能是因為藍色跟水以及晴空有關，黃棕色則是跟生病、人類排泄物以及腐敗有關。與這個演化論點一致的是，小寶寶出生才僅僅數個月，就會對顏色挑三揀四，喜歡盯著藍色跟紅色等明亮的顏色，而不是棕色之類較暗沉的顏色。

然而生活經驗和成長的文化背景，也可能會對顏色喜好產生很大的影響。證據顯示，我們對於物體與符號的情緒反應會影響到對顏色的喜好，比方說最喜愛的足球隊顏色，或是最喜歡的衣著顏色。我們也可能會因為某些顏色的情緒性意涵而喜愛它們，比方說黃色經常被視為「快樂」的顏色，深色則比較柔和並帶有沉思感。

顏色偏好與性別也有關聯，對小朋友來說尤其是如此。比方說西方文化背景的女孩到了 2 歲半，似乎就已經對粉紅色有所偏好，而男孩卻會避之唯恐不及。這些性別差異的根源很複雜，反映的可能是生物性與文化性因素混合影響下的產物，目前仍有爭論。所以有很多因素影響了我們為什麼會喜歡某種顏色，不太可能有個單一解釋。

Q 人類為什麼會說謊？

A 多數人偶爾會說個謊，不過說謊頻率還是有差異，且說謊是兒童發展的正常過程。美國人際溝通學家提摩西‧列文教授（Timothy Levine）在2016年發表關於說謊的研究結果，指出說謊大多是出於自私原因，像是掩飾個人罪行，或是獲取經濟上的好處；有時也是為了顧及他人感覺，以維持社交禮節。整體來說，當真相成為某人欲除之而後快的絆腳石時，人們似乎就會說謊。

Q 如何避免送錯禮物？

A 我們常將送禮視為一種測試，測試我們多了解對方、有沒有創意、是否貼心。但2011年哈佛大學和史丹佛大學研究顯示，大家比較喜歡收到網路上「願望清單」的禮物，而不是驚喜，就算立意良善也一樣。若困擾於該送出什麼禮物，你可以將送禮視為一個分享自我的機會。

2015年加拿大和美國的心理學家發現，大家收到的禮物若能表達出送禮者（而非收禮者）的熱情或興趣，他們會覺得和送禮者比較親近。最後建議，考慮送個「體驗」如外出吃大餐或搭趟熱氣球，《消費者研究雜誌》（*Journal of Consumer Research*）一篇2016年的研究發現，即使沒有共同進行體驗，體驗式禮物也能讓雙方關係更緊密，因為收禮者在體驗時能感受到強烈的情緒。

Q 人類天生愛乾淨嗎？

A 我們的祖先在數千年前，已經會使用廁所，並用梳子整理頭髮，這顯示我們具有一些深植於心的整潔傾向。然而現代人仍有些噁心的習慣，譬如在鍵盤前面吃午餐，或是上完廁所沒洗手。人們會有這些矛盾行為，是因為我們天生愛好整潔衛生的傾向，並非出於理性，而是源自於作嘔感。這股情緒保護我們免於感染風險，但這可稱不上萬無一失或理所當然─這是由某些景象、氣味與信念觸發的，而非基於任何客觀的衛生措施。一般來說，人們對於看得到、聞得到的灰塵，即使無害也比較在意，而對於比較致命卻看不見的病菌，反而沒那麼在乎。保護我們免於罹患疾病的愛乾淨本性，其演化根源還可以用來解釋其他的矛盾現象。我們會用抗菌清潔劑清理廚房表面，卻集體用塑膠汙染海洋。

綜觀動物王國，我們可沒理由沾沾自喜。其他生物不但也會展現出愛乾淨的傾向，還經常做得比我們更出色，例如鳥類會清理巢中的糞便，蜜蜂會把死掉的同伴移出巢穴。美國北卡羅萊納州立大學生態學家的研究指出，人類的床充滿了從我們自己身上衍生出來的細菌，但是黑猩猩卻輕微很多，這可能是因為牠們每晚都會不辭辛勞，換一處新的樹頂當床。

Q 為什麼人在開車時脾氣特別大？

A 一部分原因是環境侷限，行人快遲到時可以加快腳步，但駕駛人別無選擇，只能跟著前車行進，否則就要改換其他交通工具。比較複雜的問題是，我們對汽車有很強的地盤意識：汽車屬於私人空間，這點跟極為擁擠的公共空間相抵觸。2008年美國科羅拉多州立大學研究證實了地盤意識在「路怒」中扮演的角色，他們發現投入較多心力使汽車具有個人風格的人（如保險桿貼紙等），開車時比較容易生氣。但駕車時完全變成另一個人的說法則太過誇大，許多研究指出，容易陷入路怒的人，日常生活中也比較衝動易怒。

Q 我們為什麼喜歡看別人打架？

A 自古以來，人類就經常藉由投擲標槍、騎馬長槍比武、拳擊或角力等活動互相較勁。從演化觀點來看，這類行為相當合理，因為在面臨實際衝突時，熟悉這些技巧的人比較容易存活。觀賞拳擊和角力等格鬥運動是這類習慣的擴大，刺激程度相同，但不會造成危險。當然，有些人格外喜歡這些刺激。美國印第安納大學布魯明頓校區針對數百名大學部學生進行調查，發現人格傾向尋求風險的受訪者（表示自己喜歡恐懼感），觀賞綜合格鬥時獲得的樂趣較大，也比較常觀賞這類運動。然而，格鬥迷喜歡的不一定是暴力，一項針對綜合格鬥業餘參賽者的調查發現，這類場合更吸引人的地方在於其戲劇性。許多運動中，參賽者最需要拋棄的是自尊，但格鬥選手和拳擊選手得讓自己的身體甚至生命暴露在風險下，而從觀眾的觀點看來，風險越大，戲劇性越強。

Q 剛分手時，為什麼聽悲歌會比較好過？

A 調查顯示，許多人心情不好時喜歡聽悲傷的音樂，而憂鬱症患者的傾向特別強烈。聽起來很矛盾，快樂音樂應該會讓我們比較好受，但是其實難過時我們會被〈Happy〉這樣的輕快歌曲激怒，並覺得更加孤單。相反地，悲歌會讓我們覺得自己並非獨自受苦，愛爾蘭利莫瑞克大學2013年研究參與者表示，悲傷的音樂就像朋友，讓人有共同受苦的感覺，並能喚起對愛人的回憶，因而比較好過。此前有人認為，憂鬱患者會藉悲傷音樂來加重或延長自己的低迷狀態，但2019年美國佛羅里達大學發現，憂鬱症患者聽了悲歌之後會較為快樂、平靜。

Q 人人都愛聽音樂嗎？

A 我們習慣認為人人都會享受音樂，畢竟全球各處的文化都有音樂存在，就連小寶寶都喜歡隨著節拍搖擺。這樣概而論之，卻忽略了約5％到10％「音樂快感缺乏」（musical anhedonia）、無法從音樂中得到愉悅感的人口。這些人能夠享受閱讀、電影、藝術賞析等美學活動，要理解音樂也沒問題，就是不會對音樂產生情緒反應而已。相反地，「樂盲」（amusia）的人就難以辨識音調，但還是會被音樂感動。音樂快感缺乏這個詞直到2011年才被定義，是個相對新穎的研究領域，初步研究指出，音樂快感缺乏的起因在於患者大腦的聽覺皮層與負責處理美食、性與金錢之愉悅感的獎勵中樞間，連結性比一般人來得薄弱。

Q 為什麼同事不愛聽我的假期故事？

A 看起來似乎是這樣，但是請放心，這不表示他們沒興趣，也並非全然出於嫉妒，他們可能只是很難充分體會你度假度得多高興。哈佛大學心理學家正研究我們談論經驗時的社會動學。他們發現大多數人，包括說故事者和聆聽者，都認為大眾偏好特別的經驗，沒興趣聽平凡俗事。但其實正好相反，說些大家都覺得熟悉的事效果比較好。這主要是因為刺激或不尋常的經驗不容易用言語表達，我們腦中或許塞滿了令人驚奇的美景或歡樂夜晚，但除非

十分健談，否則我們試圖闡述經歷時，聽眾可能會興趣缺缺。

因此，有點矛盾的是，我們的度假越精彩，聽眾可能越沒興趣。相反地，如果是些熟悉的地方，發生跟社交圈中其他人差不多的事，讓同事也能說些自己的趣聞，他們就比較可能對你的假期經歷有興趣。

Q 為什麼在室內待上幾小時，就會有焦慮和幽閉煩躁感？

A 「幽閉煩躁」不是正式心理學名詞，但可描述許多人困在室內時那種坐立不安和煩躁的感覺，尤其在新冠疫情封城期間。這種焦急的挫折感十分可以理解，因為行動受限會影響心理學家提出的人類三大需求，分別是自主感（選擇自己要做什麼）、勝任感（覺得自己能掌握技能或狀況以達成目標，無法外出時很難做到這點）以及關聯感（覺得自己和他人有所連結）。更糟之處或許在於我們沒有

機會出門運動，接觸新鮮空氣和陽光，而這些都對身心健康有益。如果獨居，寂寞也是個問題，另一方面，長時間和室友、伴侶、兄弟姐妹或雙親同處，也可能導致關係緊張。

如果被關在家裡，可試著規劃每天生活以獲得控制感，考慮用這些時間學習新技能，同時務必透過電話、視訊跟親友保持聯絡。記得在許可範圍內定時運動，並尊重同住者的隱私和空間，若有幸擁有花園或陽台，也別忘了多多呼吸新鮮空氣。

Q 金錢能不能帶來快樂？

A 不能。加州大學柏克萊分校2014年研究發現，非常有錢或非常貧窮，都與精神疾病存有極高的連帶關係。但這不見得就表示，有錢或缺錢會把你逼瘋。研究發現，躁鬱症和自戀型人格高風險患者，往往對自己的成就比較自豪，也更願意犧牲人際關係來追求權力。這些人比較懂得賺錢，不過倘若他們被自己的人格問題給打敗了，到頭來也可能會失業或破產。好幾項研究檢視樂透贏家的長期快樂程度，發現中獎並沒有提高他們的快樂程度。事實上，突然致富還可能讓我們不再能夠從習以為常的簡單事務（好比聽到好笑的笑話或者看電視）中得到快樂。

Q 在家工作時穿睡衣，會影響生產力嗎？

A 常識和實際經驗都告訴我們，衣著會影響心理狀態；無論廚師服或牙醫白袍，工作服裝都有助我們進入工作角色，「衣著認知」這項心理效應更支持這說法。美國伊利諾州西北大學一份近10年前的研究發現，自願者若穿上醫生袍，在注意力相關的測驗表現較好。其他研究結果也指向相同原則，2014年美國研究曾發現，穿黑色西裝的自願者比穿運動服的人更能有效協商，睪固酮濃度也較高。因此，雖然同事看不見你穿睡衣，也可能失去上班服裝帶來的心理優勢，畢竟睡衣常讓人聯想到睡眠和惰性。考量服裝之餘，還有其他增加居家辦公生產力的祕訣，包括安排明確工作時間，讓好友和家人知道你在忙；可以的話，也讓自己有特定的工作空間，好比說拿不到電視遙控器或看不見成堆髒碗盤的地方。

Q 為人太好會不會讓人生退縮不前？

A 這種好好先生的樣子，若以心理學家的方式形容，就是在「親和性」的人格特質上得分很高；這表示你為人溫暖、值得信任又友善。研究顯示，這樣的人較能享有高品質的友誼與愛情，也比較不會跟人吵架。

不幸的是，做人太好也會吃虧。美國聖母大學研究發現，親和性得分較高的人，賺的錢通常較少，可能因為「好好先生」較缺乏競爭性，不傾向於爭取位高權重的高薪職位，而這個相關性在男人身上格外強烈。其他研究則指出，好好先生也可能因此在愛情遊戲中提早出局；至少就短期而言，無論男女都認為擁有「暗黑鐵三角」特質的人格外具有性魅力，也就是自戀、心理變態以及馬基維利主義者。

不過事情也非全然如此，好好先生富有的利他精神對潛在伴侶來說，也是一項討喜之處。雖說友善特質可能會讓你錢賺得比別人少，但也可能讓你獲得自己覺得更有意義、更值得從事的工作，比如柏林巴德學院有項研究發現，比起為營利機構工作的員工，非營利組織的工作者其生活及職涯都更為快樂。

Q 為什麼同樣的笑話聽久了不好笑？

老師的笑話為什麼不換個新梗……

A 吊人胃口、驚奇、出乎意料的內容都可以讓我們發笑，但這些梗通常只有第一次能奏效。比如以前有人問你，「烤肉最怕碰到什麼事？」當時你絞盡腦汁也想不到答案，直到有人說，「是肉跟你裝熟！」之後如果你再聽到這笑話時，因為不需要再費神去想答案，也就不再覺得有趣了。

不過還是有些笑話能夠一直讓人發噱，搞笑藝人甚至還有技法能讓笑話「一開始好笑，變不好笑，然後又變得超好笑」，這些都需要技巧和時間來鋪陳，但他們確實能再次讓聽眾笑呵呵。

Q 我忍不住一直看手機，有什麼方法可以解決？

A 幾個簡單又實用的辦法供你試試：手機在口袋裡發出聲音和震動的次數越少，我們越不容易想到它，所以盡可能關閉自動提示。同時對自己訂下限制，例如不把手機帶進臥室，或吃飯時把手機放遠一點等。完全禁止自己看手機，就長遠看來不大可行，因此我們可以規劃幾個特定時段，盡情瀏覽新聞或看社交媒體。更深入點，思考一下看手機可以滿足你哪些心理需求。就像戒除不良習慣，如果能以比較健康的習慣取代，會比較容易成功。舉例來說，如果問題在於無聊，可以帶本娛樂書籍或雜誌，用來取代手機。此外，若真的渴望更多社交互動，可以想辦法增加面對面接觸的機會，例如加入運動俱樂部或擔任慈善義工。

Q 「想像聽眾都是裸體的」是緩解演講緊張的最佳建議嗎？

A 這個建議的歷史相當悠久，用意是讓我們覺得聽眾沒那麼可怕，因此降低緊張感。然而演說專家表示這其實不大好，畢竟歸根結底，高效率傳達者是要尊重聽眾並增加其參與感，而非把他們當成敵人嘲弄。如果你的想像非常生動，這個方法可能會讓你分心。

想緩和緊張，最好採用「認知再評估」這種技巧。哈佛商學院研究指出，刻意把「緊張」解釋為「興奮」而非「焦慮」的演講者，表現會比試圖讓自己鎮靜的演講者來得好。全面來說，最好的方法是做足準備，好比確認演講內容不會超時、事先在親友面前練習、狀況許可的話先看過場地。最後，擬定幾個行動方針，協助你克服突發狀況，例如「如果覺得緊張得受不了，就深呼吸一下，重新集中注意力」。

笑聲有什麼意義？

我們為什麼會笑？

笑聲包含許多訊息。我們藉由笑聲告訴別人我們正在說笑，不具威脅性，以便建立及維持社會連結。笑聲大多具自發性和感染性，尤其是在朋友之間。笑聲傳得又廣又遠，所以即使不屬於那群人，也能感受到正在笑的人的關係。事實上，美國加州大學洛杉磯分校的葛瑞格‧布萊恩博士（Greg Bryant）發現，人類非常擅長解讀笑聲，因此在20多種文化中，人類只要聽一秒笑聲，就能判斷正在笑的是朋友還是陌生人。

先有語言還是先有笑？

人類學家大多認為語言數十萬年前才誕生，笑的歷史則久遠得多。2009年英國樸茲茅斯大學心理學家瑪麗娜‧達維拉羅斯博士（Marina Davila-Ross）錄下小猩猩被搔癢時發出的聲音，分析後發現類人猿的笑聲跟人類的笑聲結構相同，而且黑猩猩和侏儒黑猩猩的聲音最接近我們。她的研究成果指出，笑聲源自數百萬年前的共同靈長類祖先，比語言更早出現。

搔癢為什麼會讓人笑？

笑聲通常代表快樂，但對許多人而言，搔癢讓人難受。所以被搔癢時會笑是很奇特的反應，尤其是搔癢在歷史上曾被當成虐待手段。英國倫敦學院大學神經科學家蘇菲‧史考特教授（Sophie Scott）認為，笑的反應對哺乳類而言是種社會連結，也讓雙親和子女產生連結，以及讓兒童嬉鬧競爭而不會受傷。除了大猩猩，大鼠也有社交性笑聲，牠們被搔癢時會發出高頻率的吱吱聲，尤其是年紀較小的大鼠。

Q&A

CHAPTER 03
日常科學
居家與數位生活

Q 為什麼切洋蔥時會哭？

A 洋蔥細胞內含有酵素「蒜苷酶」及稱做「亞碸」的化學物質，這兩種物質通常不會混在一起，但是切洋蔥會造成它們釋出，互相作用形成次磺酸。次磺酸還會和另一種合成酶作用，產生「丙硫醛-S-氧化物」（SPSO）這種氣體。SPSO擴散至空氣中會刺激眼睛，促使淚腺製造眼淚，以驅走這種氣體。

Q 番茄為什麼不適合放進冰箱？

A 番茄放進冰箱幾乎都會變得難吃。冷藏確實可減緩熟化過程，但也會大幅破壞風味和原本稱為「揮發物」的芳香化學分子。這些揮發物可讓番茄更甜、風味更豐富，2016年美國一項研究發現，冷藏番茄一星期會降低合成揮發物所需酵素的基因活性。

Q 蔬菜要拿來煮的話，真的有需要先洗過嗎？

A 恐怕如此。雖然水煮或清蒸蔬菜能殺死細菌，但因為蔬菜上的殺蟲劑可能會在烹煮時進入水中，因此還是有健康上的疑慮。將蔬菜徹底清洗後用乾淨的餐巾紙擦乾，能有效去除殺蟲劑殘留，另外在處理蔬菜前，建議先將殘餘的泥土去除，因為土裡可能含有大腸桿菌等細菌，會弄髒料理檯面。

蛋的味道為什麼隨烹調方式而差別這麼大？

先不談牛奶、油或調味的影響，這差別一部分來自蛋有沒有打散。蛋白的風味沒有油潤豐厚的蛋黃那麼濃郁，所以兩者混合的話，會改變整個感官經驗。讓煎蛋或歐姆蛋褐化也會改變味道，因為蛋白質和葡萄糖之間會產生「梅納反應」，形成焦焦的顏色出現並產生少許堅果味。而大部分風味感受來自於食物的質地，或稱「口感」，這也是柔滑的炒蛋、稠密的水波蛋和鬆軟的歐姆蛋吃起來都不一樣的原因。

蛋料理的滿漢全席
你喜歡哪一道？

能用超市買來的蛋孵出小雞嗎？

可能性很小，但不是不可能。多數的商業蛋農都只養母雞，因為生產雞蛋不需要公雞，公雞的肉也無法食用（使用的雞隻品種不同）。蛋農場中沒有公雞，因此雞蛋不會受精，也無法發育成胚胎。但是飼養鵪鶉或鴨的農場並沒有嚴格將公母分隔，母鴨也有可能和其他野生公鴨交配。過去的確有幾起超市買的鴨蛋或鵪鶉蛋成功孵化的案例。

燙傷真的可以塗蜂蜜嗎？

別擔心，你朋友腦袋沒問題。蜂蜜用來治療燙傷等各種創傷的歷史已有好幾千年，最早可追溯到古埃及和美索不達米亞文明的時代。現在已知蜂蜜具有抗菌和抗發炎特性，近幾十年也有多項研究發現蜂蜜可縮短痊癒時間、減少感染和發炎，效果甚至優於消毒等傳統創傷療法。蜂蜜的治療能力可能包含許多機制，現在還不完全清楚，但我們知道蜂蜜可刺激白血球產生，進而引發組織修復和再生。此外蜂蜜屬酸性，可降低傷口 pH 值，阻止細菌生長並加速痊癒。蜂蜜含有高濃度的糖，會使細菌脫水，蜂蜜中的抗氧化劑也有助減輕發炎。有些醫師仍會用浸過蜂蜜的敷料來治療創傷，但若要使用家裡的蜂蜜，最好還是先詢問醫師。藥用蜂蜜做過滅菌處理，一般蜂蜜含有微生物，若進入傷口可能造成問題。燙傷時，燙傷部位最好用冷水沖洗至少 10 分鐘，再到藥房購買凝膠或敷料。家裡的蜂蜜還是留下來配鬆餅就好！

蜂蜜為什麼不會壞掉？

蜂蜜在密封罐裡可以保存好幾千年，甚至連古埃及墳墓裡也曾經發現。這種長生不老的祕密在於蜜蜂製造蜂蜜的過程：採集蜂外出採集含糖的花蜜並帶回蜂巢，再把花蜜傳給工蜂。工蜂會不停吞下再反芻花蜜，以收乾水分，這個過程中牠們胃中的酵素會把花蜜裡的葡萄糖分解成葡萄糖酸和過氧化氫，前者有助讓蜂蜜 pH 值落在 4 左右，也就屬於酸性。蜜放進巢室之後，蜜蜂會用翅膀拚命扇風，加快水的蒸發。蜂蜜水分含量低又具酸性，是它不會變質的主因，因為導致食物腐敗的細菌沒辦法在這些條件下生存，此外過氧化氫也具有抗菌效果。所以蜂蜜在長達數個月的寒冷冬季可以保持新鮮，供蜜蜂食用，放在罐子裡則能保存得更久。

Q 家裡的狗食可以吃嗎？

A 狗食對犬科動物而言營養均衡，但以人類來說，脂肪會高於我們的需求，而蛋白質不夠。此外，狗食罐中維生素A的含量相當高，長期食用可能對人體有害，但若只吃一罐應該沒什麼關係。食用狗食的風險在於，人類的食品安全規範較嚴格，但寵物食品不需遵守，曾有幾次遭到汙染的案例。不過罐裝寵物食品的原料大多是生產人類食品的剩餘原料，所以不用太擔心。

Q 肉味洋芋片怎麼會是素食的？

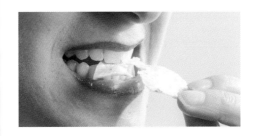

A 很多都是。英國洋芋片大廠Walkers在2013年把真正的肉類萃取物添加到煙燻培根跟烤雞風味洋芋片裡，引發軒然大波，2016年回頭使用素食調味料。熟肉味主要來自褐變反應，也就是肉類蛋白質裡的胺基酸與糖分作用，產生讓我們嚐起來有味道的化學分子。只要在實驗室裡利用半胱胺酸之類的植物胺基酸，重複所謂「梅納反應」，就可以做出素食肉味調味品。

Q 跳跳糖是怎麼「跳」的？

A 跳跳糖是蔗糖、乳糖、玉米糖漿和調味劑加熱到沸點，再將二氧化碳以600psi（磅力每平方英吋）的壓力吹進熔化混合物內製成。這比香檳瓶內壓力高了好幾倍，而混合物接著在高壓下迅速降溫，以防裡頭氣體在固化過程中逸散。壓力釋放時糖果就碎裂成小塊，每一塊都含有微小的二氧化碳氣泡，直到入口前都還在困在糖果裡。糖在溫暖潮溼的環境下會溶解，讓氣體逸散出來的同時，帶著令人滿意的啵啵聲。

Q 麵包裡的酵母有什麼功能？

酵母是真菌家族裡的單細胞微生物，已知種類約有 1,500 種。人們用來烘焙的菌種則稱為釀酒酵母菌（*Saccharomyces cerevisiae*），它在攝取糖分時產生二氧化碳，這個過程就是發酵。麵團裡二氧化碳無處可去，因此形成柔軟的海綿狀。一小包酵母裡就有幾十億個酵母菌，它們攝取的糖來

自麵包裡的澱粉，也就是葡萄糖分子長鏈。這類長鏈太大，酵母菌無法消化，但麵粉裡還含有澱粉酶，加水後可把澱粉長鏈打散成個別葡萄糖分子。澱粉酶為自然產生，但通常會另外添加在麵粉裡以提高濃度。酵母菌攝食葡萄糖後將之轉換成能量，釋出水和最重要的二氧化碳。酵母在 30℃ 至 35℃ 生長、繁殖得最迅速，所以麵團放在烘碗機或溫暖的窗台上會發得最好。發酵接近結束時，酵母開始缺氧，無法完全消化糖，因而轉為厭氧過程。此時的副產物不是水，而是酒精，我們通常可以在此時的生麵團中聞到少許水果味或酸味。烘烤麵包時，烤箱中的熱使酒精蒸發，同時消滅酵母菌，它就在這時功成身退。

Q 吃藍紋起司會造成抗生素抗藥性嗎？

盤尼西林的抗生素特性由亞歷山大・弗萊明（Alexander Fleming）在 1928 年發現，它來自盤尼西林屬的青黴菌，至今仍被廣泛使用，但許多細菌已漸漸對它產生抗藥性。若細菌定期接觸強度不足的抗生素，就會對它產生抗藥性，如此一來僅有抵抗力最弱的個體會死亡，其他細菌則會繼續繁衍並散佈這些具抗藥性的基因。藍紋起司的確含有青黴菌，因此可能讓人以為吃太多起司會

使體內細菌接觸盤尼西林，進而產生抗藥性。不過製作起司的青黴菌和生產藥物的菌種並不同，也不具任何明顯的抗生素特性，而且再怎麼說，它都會被我們的胃酸破壞殆盡。

嗯……美味的藍紋起司。

番茄肉醬為什麼會染紅塑膠容器？

元凶是番茄中鮮紅色的茄紅素。這種分子具有疏水性，容易互相結合以減少與水接觸，塑膠容器也一樣，所以這種色素會附著在容器上。此外因為茄紅素有疏水性，所以不容易用肥皂水清除，且洗碗機裡的高溫往往會使染色更深入塑膠容器。可以試試在容器裡先噴點油，再放進番茄肉醬，如此讓茄紅素有其他東西可以附著。再不然還有個方法，就是用漂白水來洗碗。

食物微波後是否可以立即享用？

微波大約只能穿透物體表面3至4公分，更深的部分只能依靠外層傳導，間接加熱。餐點上的烹調說明可能會指示以最大火力微波5分鐘，再放置2分鐘。第一階段給予足夠能量加熱這道料理，但拿出微波爐後能量分布並不均勻，放一陣子可以讓熱傳導到內部，消滅所有細菌，所以請務必依照說明來烹調。

茶包泡好之後應該壓一壓嗎？

有些泡茶達人堅持壓擠茶包會釋出單寧酸，使茶味變得苦澀，不過就算不壓擠它，也沒辦法防止單寧酸跑出來。茶包泡久一點會使所有風味化合物的濃度提高，也包括讓茶更濃的單寧酸。壓茶包只是略微加快這個過程，不用等分子自己擴散出來。有些茶包甚至附有拉線，讓飲用者更方便壓擠茶包。

動手玩科學：微波爐蛋糕

材料

- 容量至少375毫升的馬克杯（瘦高形較佳）
- 中筋麵粉4大匙（40克）
- 蛋一個（小）
- 砂糖2大匙（25克）
- 泡打粉1/2小匙（2克）
- 植物油2大匙（30毫升）
- 水2大匙（30毫升）
- 叉子
- 依個人喜好添加：巧克力豆、切碎的莓果、果乾

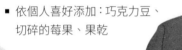

製作方法

1. 把麵粉、糖和泡打粉放進馬克杯，混合均勻。
2. 加入蛋、油和水，用叉子拌成柔滑麵糊。
3. 依照喜好加入巧克力豆、莓果或水果乾，跟麵糊混合均勻。
4. 把馬克杯放進微波爐，以最大火力加熱2分鐘。
5. 從微波爐取出馬克杯，放涼約1分鐘。
6. 享用香噴噴的蛋糕！

製作原理

微波爐提供的能量在蛋糕成分裡激發了好幾種化學反應和物理變化，其組成主要是麵粉和水，這兩個成分混合時，可使麵粉中的蛋白質形成富彈性的蛋白質網，稱為「麩質」。加熱可使富彈性的麩質凝固，形成堅固結構。加熱蛋糕麵糊時，泡打粉裡的鹼性物質（碳酸氫鈉）和酸性物質（塔塔粉）相互反應，產生二氧化碳氣泡使蛋糕膨發。同時，麵粉裡的蛋包裹著泡泡在周圍硬化，在蛋糕中形成有氣孔的海綿狀結構。油則包裹所有成分，防止蛋糕變乾。當然，蛋糕不甜就不叫蛋糕了。糖的功能就是提供甜味，另外加入的巧克力和水果則可創造更豐富的風味和口感。

Q 把糖加入咖啡時，攪拌聲為什麼會越來越低沉？

A 把糖加入咖啡或其他熱飲時，湯匙敲擊杯壁的喀啷聲會變得低沉。這個現象的解釋相當微妙，關鍵在於糖對液體的影響。糖粒的粗糙表面可抓住溶解在液體中的空氣分子，產生細小氣泡。這些氣泡使杯中液體變得較容易被壓縮，液體可吸收更多湯匙敲擊產生的能量，使音波在液體中行進得比較慢。音波的速度和頻率成正比，速度降低時，頻率隨之降低，聲音就越來越低沉。

Q 糖為什麼有甜味？

A 糖的甜味來自糖分子和甜味受體細胞之間的化學作用，甜味受體細胞位於味蕾和口腔上壁。糖分子周圍有稱為「羥基」的氫氧原子對，這些原子對藉由氫鍵這種靜電引力和受體結合，之後一連串分子作用會把神經訊號傳給大腦，大腦再轉譯這些訊號，讓我們感受到甜味。

Q 為什麼葡萄酒最好水平保存？

A 水平擺放的酒瓶能讓軟木塞保持溼潤，不會乾掉或縮水。至少大家是這麼說的，不過科學上有不同的解釋。酒瓶內的空氣溼度幾乎保持百分之百，所以只要瓶中還有酒，軟木塞就不會乾掉。澳洲葡萄酒研究院在 2005 年曾進行測試，發現酒瓶的擺放方式對於葡萄酒的保存品質沒有明顯影響。

Q 調酒「蛇咬蘋果」的原理是？

A 蛇咬蘋果是拉格啤酒加蘋果酒混合調配而成，兩者主要成分相同，都是水、酒精、碳水化合物，混合並不會產生化學反應。有些酒吧拒絕販賣蛇咬蘋果，但飲用這種調酒和單喝一大杯啤酒或蘋果酒的效果差不多。兩者的酒精濃度相似，混合也只會調出相似濃度的調酒。喝調酒感覺比較醉很可能只是心理作用。

Q 為什麼冰塊放進水裡會裂開？

A 冰塊的溫度通常落在-18℃，而室溫水通常高於10℃。冰塊放進水裡時，表面溫度驟升使外層膨脹，溫度較低的內部則維持不變，如此在內外層間形成張力，使冰塊碎裂。這種狀況是否發生，取決於冰塊中是否存在冷卻不均勻或氧溶於其中造成的「缺陷」，使得冰塊各層無法緊密結合。如果缺陷夠大，內部張力就會讓它四分五裂。

Q 在香檳罐中放湯匙能保存氣泡嗎？

A 如何讓喝了半瓶的香檳到隔天還有氣泡？許多西方人深信的訣竅是：將一支湯匙（材質最好是銀）握柄朝下放進瓶頸中，隔天早上香檳就有可能不消氣。問題是這無法證明效果和湯匙有關，不放湯匙或許也能留住氣泡。1994年，美國史丹佛大學化學教授理查·札爾（Richard Zare）測試了湯匙祕訣。他請8位業餘品酒師判斷10瓶香檳含有氣泡的程度，其中有些香檳才剛開瓶，有些已打開26小時。某些已開瓶的香檳沒有特別處理，某些則在瓶頸中放置銀湯匙或不鏽鋼湯匙，而品酒師不知道每瓶香檳經過何種處理。結論是，不管哪種湯匙對消氣程度都沒有真正影響，這項發現後來也被法國的專業香檳製造商協會證實。那什麼才是最好的辦法？找個塞子塞上，並把香檳冰在冰箱。香檳的氣泡成分是二氧化碳，在低溫液體中能溶量更多，因此這樣做或許能留住更多氣泡。

Q 為什麼玻璃瓶裝的可樂比較好喝？

A 理論上，可能是因塑膠瓶用的聚合物或鋁罐內襯的化學物質漏進可樂裡，不過濃度也許太低，影響不了味道。當然也可能是心理作祟：玻璃瓶是喝可樂的原始方式，透過電影及廣告放送，把那個「冰庫直送」、「百分之百美國風味」的印象，深植在我們腦中。

Q 氣泡水補充水分的效果和蒸餾水一樣嗎？

A 大家都這麼認為，因為氣泡水也是水，只比蒸餾水多了氣泡。但2016年《公共科學圖書館：綜合》期刊（PLOS One）刊出一篇跨國研究報告，指出氣泡水的「氣泡」讓我們以為自己喝下的水量多於實際，因此我們喝下的水會太少，因而水分補充不足。

Q 水要怎麼不沸騰就蒸發？

A 液態水由 H_2O 分子構成，彼此間以氫鍵互相結合。氫鍵相當脆弱，而且有些 H_2O 分子能量相當高，在溫度遠低於100℃時就能脫離其他分子，也就是「蒸發」到空氣中。周遭空氣壓力降低時，例如登上高山，蒸發現象會更明顯。

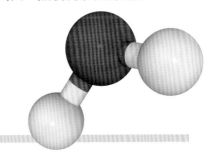

Q 為什麼用力吹氣可以吹涼雙手，輕輕哈氣卻讓雙手溫暖？

A 這其實取決於兩者的空氣流動速度不同。我們對雙手輕輕哈氣時，口中的溫暖溼氣有時間傳到手上，使雙手溫暖，但撮起嘴唇可使氣流速度加快，到達手上時吹走接觸雙手後變溫暖的空氣，因此會吹涼雙手。此外，快速移動的氣流會「挾帶」周圍的空氣，這些空氣通常比我們呼出的氣更涼，因此冷卻效果更強。

出門前穿上外套，就感受不到保暖效果嗎？

這個說法有一部分是真的。假設我們沒有生病，身體會自動調節核心溫度，維持在 36.5℃ 到 37.5℃ 之間。但體表溫度變化較大，而且取決於核心產生熱能以及體溫散失的速度。如果在室內就穿著外套，身體核心比較不容易散熱，因此會把溫暖的血液送到皮膚表面來散熱，使皮膚溫度上升。

我們在戶外感覺的溫度取決於周遭環境和手臉等露出部位的溫度差異。在室內穿著外套時，皮膚溫度提高，所以接觸冷空氣時會覺得冷，體溫也流失得較快，大概需要 1 到 2 分鐘，身體才會開始反應，把血液送回核心。因此，在室內脫下外套的優點是我們走到戶外時，皮膚的起始溫度比較低，身體很快就會習慣溫差。此外，穿上外套還可減少體溫進一步散失。

衣物曝曬在陽光下會褪色，那麼顏色跑哪去了？

衣物顏色是由稱為「發色團」的分子結構決定，它會吸收可見光中特定波長的光子，而沒有被吸收的光子會被再度射出，它們的波長就決定了我們看見的顏色。

一樣材質若長時間曝曬在太陽的高能光子之下，其發色團結構會受損，而無法在某些波長發散光子。紅色材質的發色團會吸收除紅光波長外的光子，其中接近光譜藍色端的光子能量較高。能量更高的紫外線光子也很容易被吸收，結果就是會發紅光的發色團裂解速率較快，因此造成紅色材質容易褪色。簡單來說，褪色的材質顏色並沒有「跑到」哪裡去，單純是發色團的發光效果變差了。

Q 植物不該放在臥室裡嗎？

A 有些人擔心臥室裡放植物會導致二氧化碳中毒，不過這只是個迷思。燈關掉之後，植物沒有能量來源，確實會停止光合作用，但這只表示它不再吸收二氧化碳。同時，植物會在黑暗中會繼續呼吸，釋出二氧化碳，釋出量則依植物大小和種類而定。只要是尺寸能放進臥室的植物，產生的二氧化碳都不足以讓睡著的人中毒，所以其實完全沒問題。

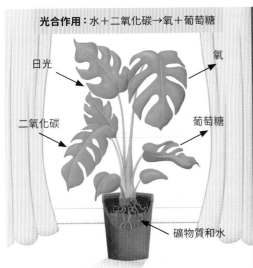

光合作用：水＋二氧化碳→氧＋葡萄糖

日光
氧
二氧化碳
葡萄糖
礦物質和水

呼吸作用：氧＋葡萄糖→水＋二氧化碳

水
氧
二氧化碳
葡萄糖

Q 為什麼衣服溼了顏色會變深？

A 水是透明無色的，卻讓溼衣服顏色變深。這聽來奇怪，畢竟水在塑膠表面沒有相同效果，更令人驚訝的是，直到30年前科學家才徹底了解它的原理。紐西蘭威靈頓維多利亞大學的物理學家約翰‧萊克納（John Lekner）和麥可‧多爾夫（Michael Dorf）證明，顏色加深是由於粗糙布料能吸水造成。光照在物體表面上時，有些會反射入我們眼中，但溼衣服因材質粗糙，表面會留有一層薄薄的水，讓光線彎曲而偏離路線，也就是折射。有些光線經反射後又回到布料表面的水層中，或被纖維中含水的小孔散射。這些作用綜合起來，進入我們眼中的光線就會減少，讓布料顏色變深。

Q 人類從何時開始穿衣服？

A 我們的祖先爲了拓展冰冷的歐亞內地，必須設法保暖。最早有可能穿衣的證據，是在西班牙阿塔普埃爾卡山區（Atapuerca Mountains）的葛蘭多利納（Gran Dolina），或是德國舍寧根（Schöningen）等考古地點，發現可能是用來製皮的石製工具；前者與大約78萬年前的前人有關，後者則是與大約40萬年前的海德堡人有關。我們在生活於40萬年前的尼安德塔人身上看到更清晰的證據：尼安德塔人的手臂肌肉組織模式顯示，他們慣於執行製皮之類的工作。儘管尼安德塔人的身體比我們更能適應寒冷天候，然而一項2012年的研究估計，尼安德塔人可能需要覆蓋80%的身體表面，才能夠在嚴冬裡生存下來。就現代人類（智人）而言，也許

可以在某些虱子身上找到人類開始穿衣的蛛絲馬跡：2011年一項研究指出，體虱的基因是在約17萬年前開始，從人類的頭虱分化出來，這提供了一個人類開始穿衣服的可能時間。我們在冬季可能需要覆蓋多達90%的身體表面，這也許是爲何我們發展出比較接近現代樣貌的衣著，而不是尼安德塔人穿著的毛皮斗篷。到了大約40,000年前，我們已經在使用骨頭與石頭製成的針跟鑽縫製合身衣物，好讓我們能夠保暖。

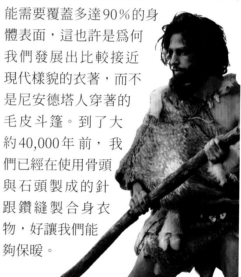

Q 為什麼一點溼氣會讓手掌黏黏的，很多水反而會讓手滑滑的？

A 這是因爲有兩種不同的作用產生。第一種叫「內聚力」，是由於水分子中氫原子和氧原子帶有相反電荷而形成，會使水分子互相吸引，在皮膚表面形成黏黏的觸感。不過這只是一種感覺，接著由於第二種「附著力」，也就是分子黏在其他物質表面的作用力，水會被留在手上。當你的雙手溼透時，就等於是更多水分子黏在皮膚的細

微隙縫中，這會減低摩擦力，讓雙手變得滑溜溜的。

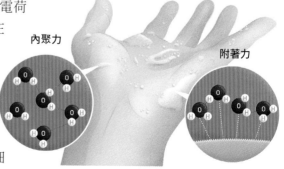

內聚力

附著力

動手玩科學：肥皂動力船

材料

- 塑膠牛奶瓶或紙盒
- 淺烤盤或類似容器
- 剪刀
- 火柴棒或細竹籤
- 洗碗精

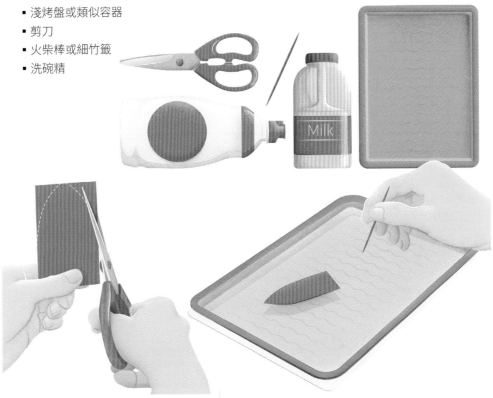

製作方法

1. 從牛奶瓶或紙盒等可以浮在水面上的材料剪下2x3公分大小當成船。
2. 在淺烤盤裡裝滿水。
3. 把「船」放在烤盤一端的水面上。
4. 用火柴棒或雞尾酒攪拌棒沾一些洗碗精。
5. 將火柴棒沾有洗碗精的一端，點進船後方的水裡。
6. 觀察船在水加速前進。
7. 幾次之後就會效果就會消失，此時只要換掉烤盤裡的水即可。

製作原理

這個現象的關鍵是表面張力。水分子之間有很強的內聚力，稱為「氫鍵」。表面的水分子上方沒有其他水分子，所以與四周及下方水分子的鍵結更強，這個超強結合力在水面形成高張力的「膜」，某些昆蟲因而能在水面行走。

洗碗精能減弱氫鍵作用力並降低水的表面張力，所以又稱為「界面活性劑」。我們可以想像水面是分子構成的網，分子彼此間互相牽引，洗碗精加入後，水分子之間的鍵結變弱，距離最近的分子被較強的外側鍵結「向外拉」，相當於受到由洗碗精滴下處向外推送的力。船在水面上，也被分子帶著向外移動。

Q 泡泡入浴劑的原理是？

A 流動的洗澡水自然會產生氣泡，但這些氣泡被水面的高表面張力（源自水分子間的引力）拉回水中後，很快就會消失。泡泡浴劑含有介面活性劑，可減弱水分子間的引力，降低表面張力，因此泡泡能維持得更久。此外，介面活性劑還能增加泡泡彈性，使它更能承受擠壓和變形。泡泡數目越來越多，洗澡水就變得綿密有趣。

Q 誰發明了肥皂？

A 肥皂製造史至少能追溯到5,000年前，青銅時代美索不達米亞的蘇美地區（現今伊拉克南部）。當時文獻簡短記載了利用針葉樹（如冷杉）樹脂製作肥皂的方法，這些技巧後來被巴比倫人和埃及人發揚光大，進一步發明出用草木灰、油、動物脂肪為配方的新肥皂。這種肥皂和現代肥皂基本功能相同：和水混合、攪動後，就能產生泡沫消除髒汙。

肥皂原本可能用於治療病痛，根據一份西元前2,200年的蘇美文獻，他們會用肥皂來清洗疑似罹患某種皮膚疾病的人，雖然不清楚當時醫師覺得效果如何，但許多古文明都認為肥皂具有醫學療效。某方面來說，古人作法是正確的。肥皂製造過程中，他們偶然發現了一種物質，由具去汙能力的蝌蚪狀分子構成。當這些分子和水混合，就會在帶有細菌的髒汙或油周圍形成球體結構，稱為「微胞」。這些分子的疏水端向內排列，親水端則向外，而使微胞外層具有可溶性，因此會被水沖走，同時帶走所有包覆其中的髒汙。

Q 埃及金字塔是奴隸建造的嗎？

A 跟大眾說法正好相反，金字塔不是奴隸建造的。這麼說是因為考古學家找到了4,500年前為數千名工人建造的村莊遺跡，這些工人建造的正是著名的吉薩金字塔。2005到2006年，我曾有幸在此工作，發掘出許多讓人難以置信的文物，包括古代的名牌和印章，說明官員如何處理龐大繁雜的工人吃住問題。從村莊中發現的動物骨骼，可得知工人吃的是品質最好的肉。麵包罐數量多到足以供應所有工人，他們都住在特別建造的連棟宿舍裡。奴隸不可能有這麼好的待遇，所以這些工人很可能是從農場招募來的，來自尼羅河下游地區，接近路克索。他們或許是為了高品質伙食和參與重要工程的機會才加入，現今許多經驗豐富的金字塔考古人員也來自這個地區，只不過酬勞是真正的貨幣，而非高級牛肉和名聲。

建造金字塔不是件簡單工作，某些遺骸顯示工人們的肌肉曾相當操勞。但他們似乎不大抱怨自己的勞務，在吉薩大金字塔古夫法老墓室附近一處塗鴉中，他們留下了自己團隊的大名：古夫幫的朋友。

Q 牙膏為什麼有甜味劑？

A 牙膏需要一些物質來掩蓋清潔劑的肥皂味，清潔劑的功能則是在刷牙時產生泡沫。用糖當甜味劑顯然不大適合，但木糖醇或山梨醇的效果就很不錯。它們能吸引水分子，所以還能讓牙膏保濕，防止乾硬。研究結果還指出，木糖醇有助於餓死口中的造成牙菌斑的細菌，藉此消除它們。

Q 什麼是黏性最強的天然黏著劑？

A 非官方紀錄保持人是一種生活在各種淡水環境裡（包括自來水在內）的無害細菌。圖中的新月柄桿菌，其頂端有一種由葡萄糖、甘露糖跟木糖構成的桿狀結構，讓它得以附著在水下表面。根據美國研究者的測量結果，這種天然黏膠每平方公分可以把680公斤的重量（相當於一頭大型乳牛）黏著在潮溼表面上。

Q 刮鬍刀的刀片越多越好嗎？

A 使用多刀片刮鬍刀時，是前方的刀片先略微拉起毛髮，把它切斷，在毛髮還來不及縮回時，下一片刀片又接觸到它，把它割得更短。這種刮除方式不是切齊皮膚表面，而是稍微有點距離，參照「報酬遞減法則」原理進行。但的確刮鬍刀刀片數越多，刀頭壓力也會分布得越均勻，有證據指出這能讓皮膚更平、刮得更均勻，同時降低刮傷機率。所以選擇多刀片刮鬍刀或許值得，但要3片、5片或7片，就取決於自己覺得哪種最舒適。關於刮除技術的科學研究幾乎都由刮鬍刀廠商資助，所以真正客觀的最佳刀片數很難說。

Q 變色唇膏的原理為何？

A 儘管行銷說得天花亂墜，不過唇膏會變色跟心情一點關係也沒有，完全是跟酸鹼值有關。唇膏含有作用類似石蕊試紙的染料，也就是化學老師最愛的酸鹼值測試劑。唇膏裡的染料是無色弱酸，在接觸到pH值較高的嘴唇時會發生化學反應，使酸變成顏色鮮豔的化合物。唇膏究竟會變成什麼顏色，取決於嘴唇皮膚的pH值，而受到身體活動和荷爾蒙濃度變化等生理因素影響，唇膏下的自然唇色也會對最後呈現的顏色產生微妙影響。

動手玩科學：紫甘藍酸鹼指示劑

材料

- 3至4片紫甘藍葉
- 400毫升溫水
- 水壺、水杯等容器
- 待測物如檸檬汁、醋、肥皂水、小蘇打、洗髮精、牛奶
- 攪拌器或果汁機
- 篩網

製作方法

1. 甘藍葉撕成小片，放進果汁機並注入溫水，浸泡數分鐘。
2. 將甘藍葉跟水打成汁。
3. 若家中沒有果汁機或攪拌器，可將甘藍葉片切碎並澆上沸水，放涼。
4. 用篩網過濾殘渣，可得深紫色菜汁。
5. 一次約使用50毫升菜汁，倒進水杯裡，再加一點醋，液體就會變色。
6. 用不同的物質重複前一步驟，但每次都要換個乾淨新杯。看看你能否分辨哪些東西是酸性，哪些是鹼性。
7. 用吸管在菜汁中吹泡泡，約一分鐘後菜汁就會逐漸變色。

製作原理

紫甘藍菜之所以呈現紫色，是因為含有一種叫做「花青素」的天然色素。用溫水攪拌甘藍菜葉，可以讓花青素更快溶於水，便於迅速萃取。花青素會隨著溶液的酸鹼變化而變色，因此可充當酸鹼指示劑。物質酸鹼度一般以pH值衡量，範圍從0到14，0是酸度最高，14是鹼度最高，7則是中性。

紫甘藍菜裡頭的花青素，在中性的水裡呈紫色，但是跟檸檬汁或醋等酸性物質混合時，會變成粉紅或紅色，跟小蘇打或肥皂水等鹼性物質混合時，則變成綠色或黃色。對甘藍菜汁吹泡泡，會讓呼出的二氧化碳跟水產生反應，形成弱碳酸，隨著溶液愈來愈帶酸性，顏色也就逐漸從紫色變成粉紅色。

Q 嗅鹽的作用原理為何?

嗅鹽是氨、水和酒精的混合物,氣味相當刺激,從古羅馬時代就開始用來喚醒暈倒的人。有人也用它來加強運動員表現,許多美式足球選手相信它是效果很好的興奮劑。不過2006年《英國運動醫學期刊》(*BJSM*)一篇回顧指出,嗅鹽是藉氣味刺激鼻腔和肺的黏膜,使人大口吸氣,但沒有持續性的助益。

Q 瀉劑是怎麼作用的?

瀉劑有四大類型,所以要看你服用的是哪一種。通常最先被推薦使用的是羥丙基甲基纖維素或洋車前子之類的「膨脹性」緩瀉劑。這種瀉劑含有纖維,會吸收水分,讓糞便變得比較大,使腸壁伸展,刺激它收縮,把糞便一路推出去。水分增加也會讓糞便變得更軟,就比較容易排出。

要是這招不管用,可以試試看乳果糖或聚乙二醇之類的「滲透壓」瀉劑,這種瀉劑透過滲透作用發揮效果。水分從濃度高處往低處移動,而這些瀉劑含有糖跟鹽之類的分子,會讓腸子的水濃度降低,引導水分進入腸子,使糞便軟化。還有一種諸如花生油或通利妥(docusate sodium)的「軟便型」瀉劑,會

減低糞便的表面張力,好讓更多水分滲入其中。

若還是便秘,可能就要用上番瀉苷(senna)或比沙可啶(bisacodyl)之類的「刺激型」瀉劑。這種瀉劑直接對腸壁中控制肌肉的神經發揮作用,使腸壁收縮,在大約6到12小時內就會發揮作用,比其他類型的瀉劑更快。

Q 光療美甲對
人體不好嗎？

A 甲油膠含有稱為「單體」的小分子，用紫外線美甲燈照射手時，紫外線會激發化學反應，使單體互相結合成聚合物長鏈，讓凝膠凝固，產生堅實又有彈性的甲油層。2009年，美國研究人員發表論文，提到兩位美甲店員工的手背罹患皮膚癌，引發大眾疑慮，然而這項研究無法提出確實結論，證明病因就是紫外線美甲燈。2018年針對這篇文獻進行的審查，則斷定美甲燈造成癌症的風險相當低，儘管如此，該論文作者仍然建議在照射時戴上手套或塗抹防曬乳，以保護雙手。

上指甲油前用銼刀修指甲，和浸泡丙酮（去光水）以除去原本的指甲油，都可能使指甲變脆，甚至剝離。所以光療美甲可以做，但最好規劃一段不上指甲油的時間，並記得保護雙手。

Q 手帕和衛生紙，
哪個比較好用？

A 首先，手帕不像單次使用的衛生紙那麼衛生，用手帕擤鼻子，就等於把新鮮鼻涕噴給任何已經附在手帕上的病原體。若這些病原體是病毒，鼻涕裡的蛋白質可能會讓它們免於死亡；若是細菌，額外的溼氣則更能夠促進它們生長。等到你下次使用手帕，尚且存活的病原體就會回到你手上，然後汙染任何一件你摸到的東西。雖然擤完鼻子之後就去洗手可以大大限縮病原體的散播，但這不是每次想做就能做到的事。衛生紙可以用完就丟，比手帕衛生多了。

此外，手帕對地球環境也更不友善。環保顧問機構「生態系統分析」（Ecosystem Analytics）2012年研究發現，就算一條棉質手帕用個九年，生產它所造成的二氧化碳排放量與汙染，仍比用過就丟的衛生紙還要多。手帕的好處在於不需要囤積，不過那差不多就是它唯一的優勢。

Q 為什麼沒有觀眾聲的足球賽很奇怪？

A 封城期間，欣賞沒有觀眾鼓譟聲的足球賽可以說是種超現實體驗。部分原因是這種狀況非常新奇，我們極少在空無一人的球場裡看球賽，少了各種加油聲和叫罵聲，情緒經驗彷彿少了重要一部分，就像咬餅乾但沒聽到卡滋聲一樣。這種狀況還少了看比賽的共同經驗感，沒有熱情球迷的配音，在家裡看球賽往往更讓人感到寂寥。從心理學看來，不斷預測接下來會出現什麼感覺，對於意識經驗是很重要的一件事。得分後沒有人高興喊叫，這並不符合大腦的期待，因此讓我們感到失措。有些球迷曾反映，跟球場上動作不同步的人工觀眾聲，給人感覺可能更糟，因為這會在期待和實際感受之間造成令人不快的不協調感。

空無一人的球場對球員而言也是一大挑戰。忠誠球迷的加油聲公認是主場優勢的關鍵要素，封城後，英超聯賽和德甲聯賽的初期賽績也指出主場優勢沒有封城前那麼明顯。此外，沒有觀眾作為表現對象，球員獲得的鼓勵減少，他們便表現得較謹慎，因此使比賽更沉悶。

Q 哪種運動最危險？

A 這問題其實很難回答，因為這取決於風險評估方式，例如單位是每個人或每次活動，以及可靠資料如何取得等。依據英國的權威風險評估專家，劍橋大學的大衛・史匹格霍特（David Spiegelhalter）2014年分析指出，登山（mountaineering）應該是最危險的運動，每次約有1%死亡風險。相較之下，跑馬拉松比登山安全1,000倍。

Q 調光開關能省電嗎？

A 電常被形容成能量的流動，所以我們很容易把調光開關想成水壩，只讓一部份電流過，其他電力則化成熱，散失到其他地方，因此一點也不省電。事實上，新型調光開關的運作方式是快速接通或切斷通往電燈的電流，再以切換頻率控制亮度。調光開關如果採取這種方式，就可以省電。

Q 一張紙最多可以摺幾次？

A 試著去摺一張平常的A4紙，就算只想摺上8次，也是不可能的，因為層數每摺一次就會翻倍，紙張會很快變得太厚太小，根本沒辦法摺。這種幾何成長效應可是很驚人的：理論上只要摺個26次，就可以讓這張紙的厚度變得比聖母峰還高。目前的世界摺紙紀錄保持人是加州高中生布蘭妮·加莉凡（Britney Gallivan），她在2002年把一張長達1.2公里的衛生紙摺了12次。

Q 隨機播放功能怎麼選擇要播哪首歌？

A 隨機播放的作用是依照隨機順序播放音樂，但真正的隨機演算法會播放任何專輯任何一首歌，可能造成連續兩三首歌出自同一位藝人，尤其當這位藝人曲目很多的時候。這會讓使用者覺得不夠隨機，所以演算法常會選擇不同藝人和專輯的歌曲連續播放。有些演算法甚至會更進一步，只從使用者先前播放的100首歌中選擇，多播一點使用者比較喜歡的歌。事實上，如果一直聽下去，這樣的「隨機」清單可能會一再重複。

Q 開車時聽廣播，算一心二用嗎？

A 聽廣播算是一種足夠被動的活動，讓你留有豐沛精神可以同時進行開車等其他事情。這跟你一心二用，同時做兩件費心耗神的事情極為不同。邊開車邊跟人交談就是一例，兩件事都需要全神貫注，所以你是在兩者之間不停切換，可能會害你顧此失彼，兩件事都做得很糟。許多研究都指出，講電話對於駕駛表現有不利影響，即使是免持聽筒也一樣，不過聽廣播就不會。英國格羅寧根大學指出，當駕駛狀況需要更多專注度，例如交通壅塞時，駕駛自然會對廣播內容有聽沒有到，更加專心開車。

Q 為何美國人開自排車，歐洲人開手排車？

A 自排車在美國通常比較便宜、馬力較大，用來在較平直的公路上長途行駛。歐洲人口比較密集，道路歷史悠久，又小又彎曲，需要預做準備，所以手排車可讓駕駛操控得更靈活，在正確時間選擇正確檔位。美國式的駕駛方式往往需要停停走走，圓環常有「停車再開」標誌，這時手排換檔就顯得很麻煩。

Q 為什麼氣溫很高時，馬路好像會搖晃？

A 陽光照射在馬路上時，馬路表面溫度升高，使上方空氣膨脹，密度降低，光從下方路面向上通過空氣的路徑因而改變。然而這種效應並非完全一致，上升時空氣不很穩定，所以密度和光學特性也不斷改變，我們看到的馬路搖晃效果就是這麼來的。

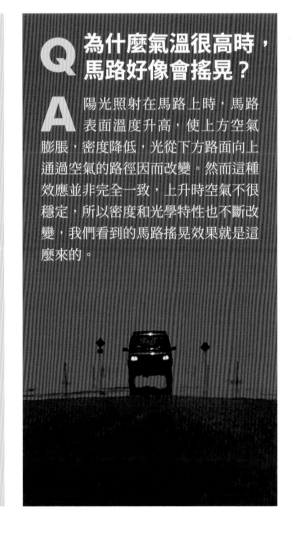

Q 無人駕駛車能否用回聲定位掃描周遭環境？

A 發射聲波並接收回聲是在水中偵測障礙物的好方法，潛艇能藉此偵測數公里外的物體。但聲波在空氣中傳播的效果沒那麼好，以也會回聲定位的蝙蝠來說，只能偵測到20公尺以外的物體，狀況不佳時還會縮短到2公尺左右。光受大氣狀況影響較小，所以自動駕駛車採用光偵測與測距系統（LIDAR），發射及接收紅外線雷射來偵測物體。

LIDAR可為無人駕駛車描繪周遭環境的「地圖」。

Q 有沒有方法讓汽車頭燈照到我時，不會看不見？

A 車頭燈的眩光可能造成事故，且燈光越亮情況越嚴重。使用偏光鏡可以抵擋眩光，它只讓單一方向的光線通過，阻絕其他四處發散的光波。1930年代，曾有人提議使用偏光車頭燈或是在擋風玻璃上加裝偏光鏡，不過礙於法規與成本，再加上偏光鏡會阻擋過多光源，這個想法從未獲得實踐。後來有人發明了防眩光後視鏡，可切換使用正常光或減光反射。現在市面上有自動防眩光後視鏡以及駕駛專用偏光眼鏡，都能阻擋眩光。

Q 「嘔吐彗星」的運作原理是什麼？

A 搭乘一般飛機時，你會感受到垂直方向的兩種力量：地球重力把你和飛機往下拉，飛機抬升力則把你往上推。如果飛機自由下墜，你和飛機都會受到大小相同且方向向下的重力加速度，但飛機本身不再提供你向上的力量來抵銷重力，因此人就會漂浮在機艙中，並體驗到無重力的感覺。

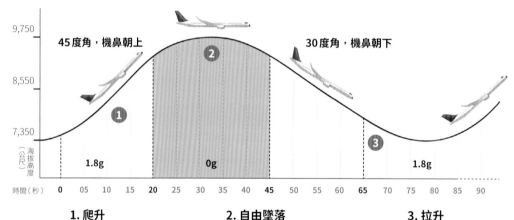

1. 爬升
飛機從7,350公尺至9,750公尺，共爬升2,400公尺，過程皆呈45度角，以提供演習所需的高度。

2. 自由墜落
當接近軌道頂點便關閉引擎，飛機靠慣性滑行至最高點後開始墜落，此時機內乘客會體驗到無重力的感覺。

3. 拉升
飛機以30度角向下飛行，乘客在機身重新抬升時會感受到1.8倍g力。單趟飛行中，這個過程可重複達60次。

Q 不繼續流通的鈔票會怎麼處理？

A 以英國為例，每年都有數億張鈔票因為老舊、毀損、髒汙而被英格蘭銀行（英國的中央銀行）回收。直到約30年前，這些鈔票都還會被焚化，產生的能源則為各分行提供暖氣。後來他們引進回收及堆肥制度，方法和處理過剩的食物類似，不過還是有鈔票會焚化處理，過程產生的能源則再利用於發電。在2016年引進的塑膠鈔票因為無法作為堆肥，因此英格蘭銀行必須想出新的方法來處理，現在他們已改變形式，讓回收鈔票加工成為新塑膠製品，例如花盆。

塑膠可以無限次回收嗎？

塑膠是由重複的原子長鏈組成，即所謂的聚合物。其基礎結構稱為「單體」，這些單體會構成聚合物的「單體單元」，也就是由氫、碳、氧等組成的比較短的原子鏈。製造過程中還會加入顏料、阻燃劑、抗氧化劑等化學添加物，讓塑膠擁有理想的特性，例如有顏色或具耐熱、耐用度等。多數回收場都會把塑膠廢物粉碎、融化再重新塑形，但這樣的過程也會破壞聚合物，使得再生製品變得脆弱。此外，廢物中的雜質或添加物都沒辦法與塑膠本身分離，通常需和原始材料混合才能繼續使用，但即便如此，也只能回收2到3次，否則會導致品質太差無法利用。

另一方面，玻璃和鋁在回收過程中不會劣化，因此可以無限回收。為了改良

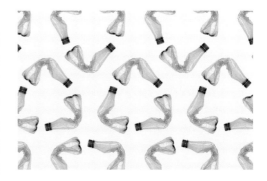

回收製程，科學家正在研究能讓塑膠廢物回復成原本單體狀態的化學方法，即「脫聚合作用」。困難之處在於如何開發出環境友善、且可拆解塑膠單體的酵素和化學物。另一個方向是研究新型態的塑膠聚合物，讓添加物和其他汙染物較容易去除。有朝一日，這些進展或許能讓塑膠反覆回收，包括一些現在無法回收的種類。

黑色塑膠
為什麼難以回收？

塑膠本身通常可以回收，問題在於染料。黑色塑膠的染料大多是碳，碳的成本低、沒有食安疑慮，又可產生深沉均勻的黑色。但碳除了會吸收可見光，還會吸收光譜中近紅外區間的光線，回收場中的分類機使用紅外光束依色彩和材質分類塑膠，沒辦法將黑色分辨出來，所以黑色塑膠會被送到輸送帶末端的「其他類」，進入掩埋場。英國有機構正和製造商合作開發黑色替代染料，讓黑色塑膠也能回收。

Q 生物可分解塑膠最後會裂解成什麼東西？

A 這類塑膠含有一些化學添加物，可促使微生物裂解塑膠分子鏈的酵素作用。作用方式分為兩種，一是直接吸引微生物來吃塑膠，二是加速塑膠的自然劣化過程，產生更大片更崎嶇的表面，好讓微生物方便食用；等到微生物大功告成，塑膠就只剩下水、二氧化碳以及甲烷。然而事情沒那麼簡單，許多生物可分解塑膠必須在特定條件下才會進行分解，這通常需要超過50℃的環境溫度，也得符合正確的溼度、空氣及微生物相。

若這些塑膠流入海洋，或是埋在當地垃圾堆裡，它們可不會被分解；此外，有些標示為生物可分解的塑膠並非貨真價實，只是暴露在空氣中會裂解成小塊而已。它們只會變成碎塊，也就是所謂的塑膠微粒，卻永遠不會分解。

Q 塑膠是怎麼流入海洋的？

A 現今在海洋裡發現的塑膠垃圾，大約有80％來自內陸。亂丟垃圾、廢棄物管理不當，以及工業活動都可能讓塑膠進入自然環境。這些塑膠有一大部分會被吹到溪流裡，然後被帶入海洋。這在欠缺廢棄物處理建設的國家格外普遍，據估計全球有20億人沒有健全的垃圾收集服務。此外，一般家庭排放的廢水含有微塑膠片，如化妝品所含的塑膠柔珠（台灣現已禁用）和聚酯衣物的纖維。因此，若要處理塑膠汙染，就需要個人和政府，以及全球企業通力合作，減少塑膠消費與廢棄物。

為何新聞總從壞消息開始報導？

 新聞總是最先報導災難、犯罪和社會案件，部分原因是媒體傳統。媒體界有句格言是「見血才有閱聽率」，許多新聞工作者也是透過揭發政治人物的無能醜聞來建立地位，如果說媒體是有助規範當權者的「第四權」，似乎也沒錯。

就提醒大眾留意全球流行性疾病或惡劣天候等實用面而言，壞消息相當重要，另一方面卻也產生問題：讀者特別喜歡看負面消息。這點或許可用心理學家很早就提出的「負面偏誤」來解釋，我們通常比較留意負面經驗，記憶也比較深刻；和高興的表情比起來，在人群中比較容易看到生氣的臉。許多語言中，用來描述負面情緒的詞彙也多於快樂情緒，這個偏誤可能出於求生機制，因此影響對新聞的喜好。2014年一項研究中，美國和加拿大的研究人員追蹤受測者觀看線上新聞網站時的眼部活動，發現即使聲稱自己偏好正面消息，受測者花在觀看負面消息的時間也較多。美國密西根大學則根據觀察皮膚導電性和心率變化，指出在紐西蘭、中國等17個國家，大眾對負面報導呈現的情緒反應較強烈。不過也並非人人都是這樣，研究人員表示正面新聞還是有一定市場。

為何「心」會變成「愛」的同義詞？

古埃及人注意到靜脈、動脈及許多神經都是從心臟向外輻射，因此得出一個結論：心臟同時是理性與情感中樞。後來古希臘人把理性思維歸責於大腦，但熱情始終跟心臟保有關聯。強烈情緒所產生的腎上腺素對於心跳有相當強烈的影響，因此我們自然覺得是胸口最先感受到愛與吸引力帶來的心痛感。

Q 如何能在大富翁遊戲中獲勝？

 別喪氣，大富翁有很大程度和運氣有關，但也有方法能善加把握好運。美國版大富翁的專家湯姆·富里多（Tom Friddell）執行的電腦分析顯示，特拉法加廣場（Trafalgar Square）是玩家最頻繁抵達的地產，因此盡快入手是為上策；而玩家最常遇上的顏色是紅色和橘色，部分是由於從獄中出來時常常走到那裡，所以也是值得買下的地產。但不要太挑剔，也不要執著於把錢省下來晚一點再花。

富里多的分析顯示，盡快買下地產比較好。若你擁有了整套同色地產，要先在所有地產上蓋三棟房子，再去購買其他地產，而急著蓋飯店會讓你難於彌補建造花費。如果這些聽起來都太費力，只要記住：如果對方買下多數紅色和橘色地產，你獲勝的機會就非常低，快點找藉口溜吧！

Q 對英語母語人士來說，哪種語言最好學？

根據美國負責訓練外交人員的外交事務院，有10種屬「第一類」的語言，跟英語相似性最高，因此對於英語母語人士來說最容易學，包括法語、西班牙語、義大利語。花600小時學習，照理來說就能說得還算流暢。不過，若真想讓別人刮目相看，何不試試南非語？這也屬於第一類，而且較少人把這當成第二語言。不然，若要讓對方瞧瞧你有多會賺錢，也可以去學程式語言。對於新手程式設計師來說，Ruby是最容易學習的程式語言，薪資又最高：能夠嫻熟運用Ruby的程式設計師，通常都有年薪約300萬台幣的水準。

現代電腦能推導出質能互換方程式嗎？

在學習物理定律方面，人工智慧（AI）演算法已經有所斬獲，2009年美國康乃爾大學研究人員曾把單擺實驗的資料輸入AI，讓它學會動量守恆和牛頓第二運動定律。2018年，麻省理工學院（MIT）研究人員更進一步，讓他們的「AI物理學家」觀察在多種模擬環境中彈跳的球，讓它推導各個世界中的物理定律。演算法和科學家一樣，能把個別定律統整結合，變成一統的理論。要發現$E=mc^2$方程式，我們必須讓AI觀察遵守狹義相對論的物體，舉例來說，可以建立一個物體質量隨速度增加的模擬世界，讓AI在其中恣意觀察，或許這樣一來，它就能推導出愛因斯坦的這個著名方程式。

人工智慧有分成不同種類嗎？

說到人工智慧（AI），多數人會想到深度學習。它的靈感大致來自人類大腦的運作方式，使用大量電腦來模擬人工「神經元」網絡，接著以非常龐大的資料量進行訓練，直到它學會我們希望它執行的任務，例如理解語言。這種訓練過程很緩慢，且需要大量資源，但只要訓練完成，就連一支手機也能使用，馬上執行正確功能，例如聽從語音指示。深度學習只是數千種AI的其中一種，有些AI會利用高等統計學協助電腦做出預測，例如新藥的可能副作用；也有AI會藉由演繹法推斷環境資訊，讓機器人規劃路線。還有一些甚至可模擬演化過程或一整個蜂群，來替最困難的問題找出解決方法，例如安排工廠中各種活動時程，或讓飛機機翼形狀最佳化。

Q 電腦會感染易傳染又難消滅的病毒嗎？

A 這情況早就發生過，而且不只一次。早在2000年網路剛普及時，就出現了一種「我愛你」（ILOVEYOU）病毒。許多人收到一封看似無害的電子郵件，郵件有個附件檔案（LOVE-LETTER-FOR-YOU. TXT.vbs），打開之後看到的卻不是情書，而是一個蠕蟲病毒。這個病毒會覆蓋許多類型的檔案，並自我複製後傳送郵件給通訊錄上所有使用者。我愛你病毒幾小時內就擴散全球，造成的資料和時間損失估計高達150億美元。它很容易修改，所以也「突變」得很快，不久後就出現25種以上的版本。「我愛你」不是第一隻也不是最後一隻電腦病毒，而且也不是最可怕的病毒。這個榮譽要歸於「Mydoom」，這種病毒出現於2004年，高峰時曾感染16％到25％的電子郵件，造成損失超過380億美元。

這幾次電腦病毒大流行後，科技公司提升了安全技術。定時更新的防毒軟體提供「預防接種」功能，可偵測最新病毒並防止感染；防火牆軟體好比「口罩」，只讓安全的網路資料進出電腦；沙盒安全機制則提供「社交距離」功能，可隔離程式，防止感染主機或互相感染。現在的新型電腦都有這些保護功能，所以電腦病毒較不容易像新冠肺炎那樣迅速擴散，導致大規模社會混亂的機會更小。

Q 為什麼AI現在這麼熱門？

A AI在1950年代電腦誕生時就出現，最早的夢想是打造出能和人類大腦執行相同任務的「電腦腦袋」，例如下西洋棋或翻譯語言；但讓AI迅速達到人類智能的希望並沒有成真，也很快失去人氣。接下來數十年，科技進展飛快，電腦運作速度提升、網路發明，研究者也在AI演算法上有了新的進展。過去10年，AI漸漸得以解決我們一直希望它能處理的問題，也吸引了企業、政府、金融家投注數十億資金，而現在許多主流組織都將AI納為企業核心要素。

Q AI有什麼其他功能？

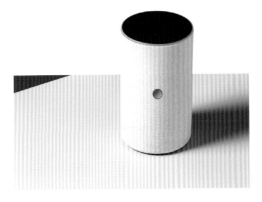

A 它現在已是無所不在的科技，當你盯著手機解鎖，就是透過AI辨認臉孔，和電視或智慧喇叭說話時，也是藉由AI辨認聲音。使用手機或數位相機照相時，AI會辨認出前景元素、模糊背景，並結合多張曝光不同的照片來構成完美影像。每次線上購物，也會有AI檢查是否存在詐騙行為，它會監控你的線上購物行為，根據喜好呈現特定廣告，還會推薦你可能最感興趣的新聞內容，在線上服務台回答問題。AI也具有創意，能作曲、設計建築、繪製藝術品，讓交通工具越來越自動化，替我們完成駕駛過程中枯燥重複的部分。

Q 未來某天，AI能和我們一樣聰明嗎？

A 這個問題很難回答，因為這跟如何測量智力有關。先進的AI在辨識圖片特徵上比人類還厲害，也能提供更可靠的專業意見，玩遊戲也更拿手（近期例子包括圍棋和爆破彗星等經典機台遊戲）。不過，即使投入數十億美金進行研究、獲得超過百億英里的里程數據，仍沒有AI的開車技術比得上經驗老道的駕駛。沒有AI能操縱機器人洗碗，也沒有AI的智力超過普通6歲小孩。儘管擁有強大電腦、大量訓練數據和聰明演算法，我們還是不知道如何做出具人類大腦彈性及學習能力的AI，也不知道怎樣讓它在沒有人類介入的情況下變聰明。更甚者，我們還不完全了解生物智力如何形成，所以很難想像以人類為靈感的AI，要如何在不久後的將來達到相當的智力。

即使是訓練有素的AI也比不上經驗豐富的老司機。

Q 我們能信任AI嗎？

A 科技總是伴隨著缺點。如果過度相信AI，我們就可能惹麻煩上身，這也是為什麼自動駕駛汽車的功能總需要人類掌控。如果用帶有偏差的數據訓練AI，那它本身也會帶有偏見，已有研究顯示，AI較擅於辨識白人男性臉孔。有人擔心這會導致工作機會流失，這或許是事實，但它也創造出很多機會。AI在這方面並不特別，工業革命和電腦網路普及的「資訊革命」時，都發生過類似的事。說到底，我們不應該害怕AI，它的開發目的是要協助我們，而就像所有科技一樣，人類該做的事是確保正確使用這些科技。

未來會有包辦所有家務的機器人嗎？

我們現在已有處理特定家務的機器人，例如洗衣機、洗碗機，還有掃地、拖地機器人。正在開發的產品中，有款稱為摺衣好搭檔（FoldiMate）的摺衣機器人，會把衣服吸進去再摺得整整齊齊送出來；一款自動燙衣機艾菲（Effie）、以及三星和莫雷機器人（Moley Robotics）聯手開發的機器人廚師。此外在美國，公司可租用Somatic公司開發的廁所清潔機器人。可惜的是，目前科技還沒辦法把這些機器人合而為一，要達成這個目標，機器人必須同時具備人類身體的靈巧度和大腦的適應能力，但這還需要很長一段時間才能實現。

Q & A

CHAPTER 04
地球科學
人類居住指南

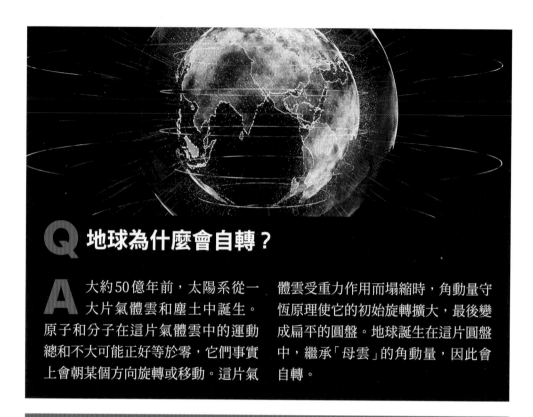

Q 地球為什麼會自轉？

A 大約50億年前，太陽系從一大片氣體雲和塵土中誕生。原子和分子在這片氣體雲中的運動總和不大可能正好等於零，它們事實上會朝某個方向旋轉或移動。這片氣體雲受重力作用而塌縮時，角動量守恆原理使它的初始旋轉擴大，最後變成扁平的圓盤。地球誕生在這片圓盤中，繼承「母雲」的角動量，因此會自轉。

Q 太平洋和大西洋不會混在一起嗎？

A 我們雖然為地球上的海洋賦予不同名稱，但實際上這些海洋之間並無界線，海流也在海洋之間不停流動，使海水彼此混合。大西洋和太平洋在南美洲最南端「交會」，這片區域有一道從西向東很強的海流，使水從太平洋被帶到大西洋。或許在網路上，你看過兩片不同顏色的水一起流動的影片，這其實是由於冰河融化後，含有大量沉澱物的淺色淡水在阿拉斯加灣碰上含鹽的深色海水。一段時間後，海流和漩渦還是會把兩種水混合在一起。

Q 如果地球變成兩倍大，會怎麼樣？

重力變強

假設地球密度相同，半徑加倍將使地球質量大八倍，多數植物和樹木會因表面重力加倍而倒下。體型比狗大的動物奔跑時腿會斷掉，大型掠食動物也無法快速移動來捕捉獵物。

空氣壓力增加

如果大氣變成兩倍，氣壓也會如此。我們依然能呼吸，氧氣增加也有助於把血液輸送到大腦。大氣層變厚可使鳥飛起來更輕鬆，但多數鳥類必須降落在水面，以減少衝擊。

一天變長

角動量與質量乘以半徑的平方成正比，因為角動量守恆，所以地球自轉速度會是現在的32分之一，一天的長度會變成一個多月！地球的亮面和暗面溫差將非常大，造成劇烈風暴。

板塊活動增加

地函中放射性元素增多，岩漿變得更熱。地殼雖然變厚，但會有數百座新火山噴發，把大量二氧化碳噴入大氣，溫室效應一發不可收拾，造成地球史上最大規模的滅絕。

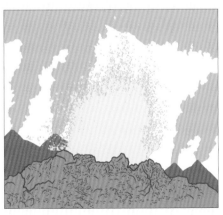

Q 為什麼低氣壓是逆時針旋轉？

A 地球自轉時，赤道的旋轉速度比北極快得多，這樣的差距會造成「科氏效應」，使得北半球的風看似向右偏折。低氣壓氣流會向中心流動，但是科氏力會讓氣流往右偏折，因而產生逆時針氣旋；高氣壓的氣流會往外流動，偏折就會導致氣旋以順時針旋轉。科氏效應在南半球會使得風向左偏折，因此南半球的氣旋方向跟北半球剛好相反。

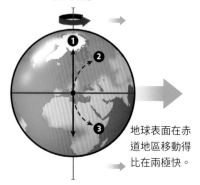

科氏效應

地球表面在赤道地區移動得比在兩極快。

❶ 假想路徑
想像有道氣流從赤道沿著這個路徑移動。

❷ 實際路徑（北半球）
即使氣流是直的，就旁觀者看來卻向右偏折。因為氣流向北而行時，其下方地面移動的速度越來越慢，「追不上」氣流。

❸ 實際路徑（南半球）
相同效應在南半球會導致氣流往左偏折。

Q 是什麼造成加州沙漠的「航行石」現象？

A 位於加州死亡谷，乾涸湖床上的石頭會移動，這類報導已流傳超過一世紀。有些「會走路的石頭」重量超過300公斤，且可留下數百公尺長的「航線」，學界對此一直無法給出解釋。直到2014年，理查·諾里斯（Richard Norris）帶領美國斯克里普斯海洋研究所的團隊發現，冬季時湖床上的雨水會結冰，冰層在白天裂開形成大片冰板。冰板有時會被風吹動，所經路線上的大石頭也會被帶著一起在軟泥上移動。這需要一切條件配合，若冰層太厚就不會裂成冰板，太薄則無法帶動地上石頭。

Q 地球要多小，我們才能感覺到它在轉動？

A 人無法直接感覺到地球轉動，因為我們會跟著它一起轉；地球若要壓縮體積而不減少質量，就必須轉得更快，才能讓角動量守恆，原理就像用腳尖旋轉的滑冰選手（物理老師超愛舉的例子）。這麼一來，作用在我們身上的離心力就會增強，其方向向外發散，因此會抵銷部分重力，人的體重便隨之減輕。如果地球直徑減為一半，體重會減少約1.2公斤，不過幅度或許太小，不會有人注意；離心力則不會跟著線性增加。若地球縮成四分之一大小，體重共會下降15公斤，你就會覺得自己變輕，還可以跳得更高。

但這算不算是「感覺到地球旋轉」還有待商榷。在旋轉木馬上可以感到自己在旋轉，是因為旋轉半徑非常小，在身體各部位高度上，離心力的作用程度明顯不同。要產生這個現象，地球得先縮得非常小，好讓你的身高占地球半徑很大一部分，但在縮得那麼小之前，地球就會因離心力而分崩離析。

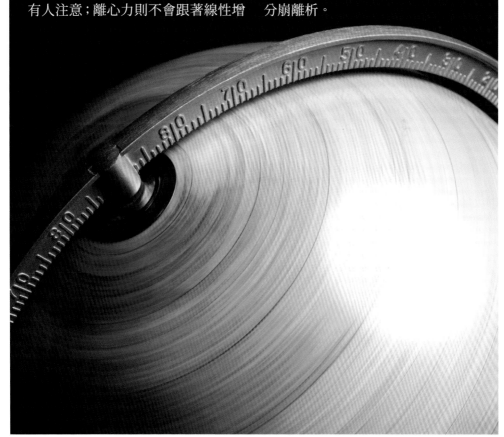

Q 地表上最安靜的自然場所在哪裡？

A 世界上有許多夠偏遠的地方，讓你遠離人類文明產生的一切噪音。據慈善團體「英格蘭鄉村保護運動」（CPRE），英格蘭最寧靜之處位在諾森伯蘭郡的基爾德泥沼（Kieder Mires）一塊長寬各500公尺的區域。不過寧靜並不等於沉寂，即使這是塊不毛之地，也還是偶有風聲鳥鳴，而能不能聽見鳥鳴，正是CPRE計算某地寧靜分數的參考因素之一。若連風聲鳥鳴都不想聽到，就得去個有遮蔽的荒蕪之地，比方說火山口。圖中夏威夷茂伊島上的哈萊亞卡拉火山口（Haleakalā crater）就是個很好的例子，此地被稱為「地球上最安靜之處」，音量只有10分貝，相當於自己的呼吸聲，這大概是你能夠體驗到最安靜的地方了。

Q 天空為什麼是藍色的？

A 人們經常認爲那是因爲藍色的海洋，把光線反射到天空中，然而事實上那是因爲陽光打到大氣中的空氣分子時，產生散射所致。太陽光是由彩虹的所有顏色構成，光線與空氣分子產生複雜的物理作用，稱爲「瑞利散射」，導致波長較短的藍光散射得比紅光更爲強烈，因此藍光最終在天空中散射得最爲廣泛，從而成爲天空的主色。

Q 如果海洋結凍，會發生什麼事？

石油價格一飛沖天

全世界一半的石油要靠海運，航線一旦凍結，就會大幅限縮國際石油市場供給，同時比以前需要更多石油來取暖。這會觸發全球經濟崩潰，導致許多國家宣布戒嚴。

食物鏈崩潰

海面結成的冰層，會阻絕大部分的光線，導致海生藻類死絕，影響食物鏈，讓海洋近乎死氣沉沉。只有生活在地熱口附近的深海生物得以存活。

植物死亡

冰比水更能反射陽光，因此全球會大幅降溫，導致陸地結冰。植物缺水而死，火山爆發釋放的二氧化碳逐漸累積，讓地球再度暖化，得花數百萬年才能讓冰層融化。

其實不是第一次

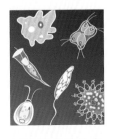

地質證據指出海洋曾結冰至少兩次，最近一次約6.5億年前，那次有足夠的單細胞生物倖存並重新繁衍。不過，無法判定其他多細胞生物的運氣是否一樣好。

Q 如果所有海鹽突然消失會怎麼樣？

A 一公升海水含有35克鹽，整個海洋的鹽全部消失，代表地球上少了4.5×10^{16}噸的鹽。海床承受的重量突然減少這麼多，可能會引發世界各地出現地震和火山噴發。淡水密度較小，所以北極冰帽會下沉10公分，在歐洲北部、俄羅斯和加拿大等地造成有史以來最大的海嘯。幾小時後，海洋生物幾乎都因滲透作用使細胞膨脹爆裂而死亡。海洋生物的屍體會沉到海底，但不會分解，因為海洋中的細菌也全都死光了。海洋中藻類製造的氧氣佔全球總生產量一半以上，因此陸上生物會大規模滅絕。最後陸上的礦物質會不斷溶解再流入海中，因此鹽度會回復，但至少需要好幾萬年。

Q 全世界的海平面都一樣高嗎？

A 我們用平均海平面（MSL）作為標示城鎮、山脈與飛機高度的參考標準，因為一旦平均計算潮汐與波浪效應，海平面就只會受到兩股力量影響：重力強度和地球自轉效應；而這兩點都取決於與最終參考點地心的距離。不過，雖然海平面是很好的參考點，海洋本身距離地心的高度並非所有地方都一樣。由於地球自轉所產生的重力強度在赤道最強，平均海平面在赤道會向外突起，比起兩極區域更遠離地心。地球密度的差異也會影響重力強度，導致平均海平面有多達100公尺的變化。平均海平面也會隨時間產生變化，主要是全球暖化導致海水膨脹以及陸冰熔化所致。

從空中俯瞰聖安地列斯斷層
貫穿加州卡利卓平原。

Q 為何地震這麼難以預測？

A 最大問題是因為它和火山噴發不同，發生前通常沒有一致徵兆。1980年代，地震學家在加州聖安地列斯斷層周圍設立號稱全球最詳細、最精密的監測網，預測1988到1993年間將會發生一次地震，而感測器將可偵測到地殼前期的物理變化，藉以建立預測模型。結果，這場規模6.0的地震2004年才來到，而且完全沒有實際徵兆。

Q 地震成因是什麼？

A 地球板塊互相推擠會產生「應變」並累積在地殼比較脆弱的幾條線上，這些線就是斷層。應變累積到一定程度，斷層就會破裂，使兩邊岩石互相摩擦、釋出龐大能量並造成地面震動。全球地震每年發生超過300萬次，單單美國加州就超過10,000次。地震大多輕微無感，只有地震儀偵測得到，但每年大約會發生15次芮氏規模7以上的地震，造成人民重大損失或傷亡。

Q 目前的地震預測進展如何？

A 有許多事物號稱可預測地震，例如不尋常的動物行為、岩石特性改變、地殼中電磁訊號，及所謂的「地光」，也就是某些地震發生前出現在空中的放電現象。這些現象都無法證實有效，但我們或許還有希望。監測美加西岸外海卡斯卡底斷層（Cascadia fault）的學者把資料輸入機器學習演算法，希望能從地震紀錄中找出固定模式，預測這條斷層下次何時會發生大地震。

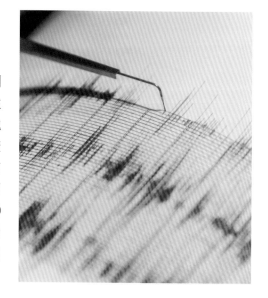

Q 真的能做到地震預測嗎？

A 某些地震學家認為地殼正處在「自組織臨界性」（SOC）的狀態，所以本質上不可能真正預測地震。如果真是如此，那地震無論規模多小，都可能發展成大地震。其他學者則主張地震雖然很不容易預測，但將來一定會找到方法。然而，預測要發揮效用就必須夠精準，而且必須每次都正確。錯誤警報將會引發公憤和失望，即使以後預測正確，大眾也不會相信，因而造成不必要的死傷。

預測舊金山地區地震風險的模型。色彩改變的位置代表地下位移。

Q 地震可以預報嗎？

A 成功的地震預測必須包括時間、地點和規模，且必須提前一段時間以減少損害傷亡，目前這幾點都還做不到。不過大多數發生在斷層上的地震都有特定週期，可能是10年或100年，依斷層累積多少應變才會破裂而定。從這種關聯來看，地震是可以「預報」的，雖然精確程度沒有「預測」那麼高，但仍可用來評估風險。如果有條斷層每100年破裂一次，但已經120年沒有發生過地震，就代表地震很可能即將發生。

Q 精確預測地震真的好嗎？

A 如果知道舊金山等這類大都市三個月後就會發生大地震，會有什麼結果？公開這樣的預測將造成人們恐慌和大舉逃離；各大企業會關門並賣出手中股票，可能就此不再買回；當地公司股價狂跌；加州政府必須成立臨時住所，容納數十萬難民，同時必須供應食物。許多地震學家和工程師主張，我們不需要預測地震，而應把心力放在讓建築物「保命」上。換句話說，就是把建築物建造得更堅固，在地震時不會倒塌，同時把舊建築強化或翻修到相同水準。如此一來將能降低損害，大幅減少傷亡，經濟、基礎建設受到的影響也會更小。

Q 張衡對地震科學的貢獻為何？

A 地震自古以來奪走無數人命，其成因卻一直只能憑空臆測。直到2,000年前，張衡發明了「地動儀」，才為地震科學邁出第一步。

西元78年，張衡出生於中國河南省西鄂古縣（今南陽市南召縣南方）。他早先是一名地方小官，直到30多歲時因才華洋溢被召入朝廷，才開始對駭人的地震現象產生興趣。張衡在西元132年建造了一台儀器，可用來偵測遠方的地牛翻身。儀器由一個銅甕跟八座平均位於八方的龍頭構成，內部則有一個精緻的鐘擺機制，可偵測震波造成的地面運動，從而觸動龍頭掉落銅丸，藉此顯示地震的大致方位。西元134年12月，地動儀偵測到數百公里外，發生了一場長安宮廷渾然無感的地震。幾天後當地快馬加鞭報來地震消息，證實地動儀偵測無誤。雖然張衡的地動儀無法測量實際上的地震強度，它仍被視為現代地震儀的前身，因為早期的地震儀用的也是鐘擺機制。

Q 潮汐如何產生磁場？

A 理化課本告訴我們，在磁場中移動導體可產生電流，這個原理稱為法拉第感應定律，是發電廠的基礎。但法拉第在1831年發現這個效應後不久，他又思考自然界是否能以這個方式產生電力。為了驗證想法，他在倫敦滑鐵盧橋下試著測量在地球磁場中流動的河水產生的電流。1832年1月的實驗沒有成功，但他依然相信電流存在，只是非常微弱。

2018年，三枚歐洲太空總署（ESA）人造衛星Swarm偵測到全球海洋受月球重力牽引在地球磁場中流動產生的電流。這個電流又可感應出極微弱的磁場，大約僅地球磁場的2,000分之一。測繪地球磁場圖需要法拉第時代難以想像的先進儀器，除了證實這位維多利亞時代天才的想法，這項研究也創造出全新的海洋活動偵測技術。

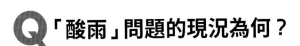

Q「酸雨」問題的現況為何？

A 1970年代期間，酸雨成為重大環境問題，在相鄰國家間掀起口角戰。北歐國家責怪英國發電廠製造二氧化硫和含氮的空氣汙染，散播遍及北海並與雨水混合釀成酸害，損害森林和湖泊。英國本身也受到影響，1980年的報告就側重於探討湖泊和河川所受的汙染。加拿大的環境事務部長曾表示，從美國散布過來的汙染是「生物圈的潛伏瘧疾」。在1980和1990年代期間，政治壓力促使導入國際法，約束這類元凶化合物的生成。法規加上更廣泛使用更乾淨的能源和更高的節能標準，種種措施結合起來，終於大幅減少酸雨危害。美國在1990年推行酸雨計畫，裁減超過七成的發電廠二氧化硫和氮氧化物排放量。儘管威脅依然沒有完全消除，酸雨對生態的危害已不再那麼嚴重。

Q 地球上雨最多的地方是哪裡？

A 別驚訝，答案可不是基隆。依據金氏世界紀錄，全球年平均雨量最多的地方是印度東北部的毛辛拉姆（Mawsynram），每年降雨將近12,000公釐，相比之下，台灣蘇澳近10年來平均年雨量約4315.5公釐，英國卡地夫只有1,150公釐。毛辛拉姆位於印度卡西丘陵，來自孟加拉灣溫暖潮溼的空氣正好會經過這裡，其降雨大多在雨季，時間約是每年4月到10月。

Q 起霧時聲音真的會傳得比較遠嗎？

A 聲音在空氣中傳播時是一種壓力波，能使空氣分子有節奏地前後移動。霧含有微小的水滴，散射聲音能量的效果更強，因此聲音會變低沉，可聽到的距離也會縮短。這些都很簡單，實驗也已經證實，那麼問題就此解決了嗎？其實還沒。基本理論和實驗都沒有考慮起霧的所有條件，在溼度特別高的溫暖天氣，空氣中水分子擾動特別劇烈，只能形成極小的水滴，它對音波的影響極小，可以忽略。此外，潮溼的空氣密度也比乾空氣大，因此音波行進效率更高，在更遠的距離外就聽得到。

雷雨如何形成？

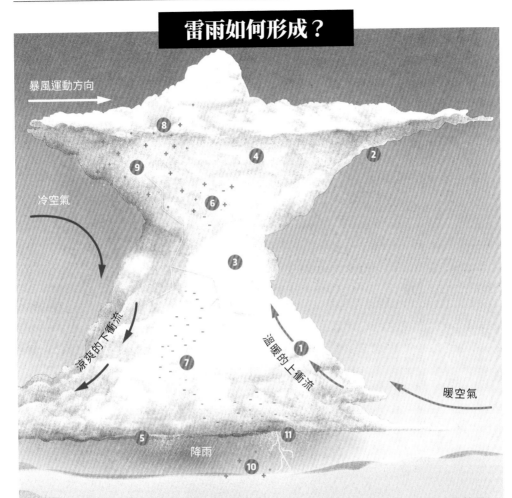

暴風運動方向

冷空氣

涼爽的下衝流

溫暖的上衝流

暖空氣

降雨

所有的雷雨都是由溼氣與上升的暖空氣開始成形。雷雨通常發生於夏日，日照時數較長使得地面升溫，位於地面上方的溼暖空氣的密度比上方乾冷空氣的密度來得低，導致溼暖空氣上升。溼暖空氣上升時，裡頭所含的水蒸氣開始冷卻，凝結成水珠，於是就開始形成雷雨雲。

1. 水蒸氣凝結時會釋放出熱能，給上升空氣推一把，形成強烈的上衝流。
2. 在約30分鐘內，高聳的雷雨雲（積雨雲）堆積達到10公里的高度。
3. 雲裡的水蒸氣凝結時，水珠開始浮現並增加。
4. 冰粒子也開始在冷透的雲層上端結合成形。
5. 一旦水珠跟冰粒子變得夠重，就會以雨水或冰雹的形式落下，製造出涼爽的下衝流。

6. 雲內的冰晶與水珠互相碰撞，會把電子從水珠與較輕的冰晶敲掉，讓它們變成更大的冰粒子。
7. 比較重的帶負電粒子會下沉。
8. 比較輕的帶正電粒子會上升。
9. 雲層頂部與底部之間的電荷差會產生電壓，透過「雲內閃電」放電。
10. 帶負電的雲層底部也會排斥地面上的電子，使地面帶正電。
11. 這道電壓可透過「雲對地閃電」放電。周遭空氣迅速加熱擴張，導致打雷。

Q 雹暴持續時間為什麼不像暴風雨那麼久？

A 冰雹形成在雷雨期間，溫暖潮濕的空氣帶著小水滴一同上升，水滴在高空凝結成冰，冰晶不斷增大，最後因太重，無法漂浮空中而掉落。要形成冰雹，必須有兩股冷暖空氣交會，藉此使暖空氣上升。冰雹形成範圍僅限於兩股空氣交會處的狹窄區域，因此也只會落在一小塊地區。這類能量極大的暴風雨團通常移動得很快，所以地面上的人能看到冰雹的時間相當短。最後，由於雹暴需要溫暖潮溼的空氣，通常很快就會耗盡能量而消散。

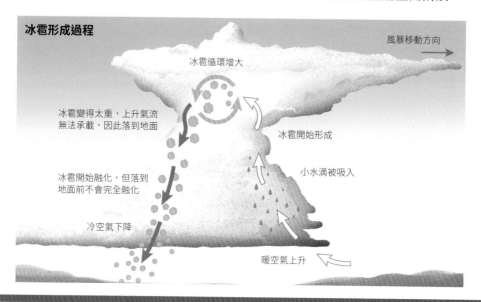

冰雹形成過程

冰雹循環增大

風暴移動方向

冰雹變得太重，上升氣流無法承載，因此落到地面

冰雹開始形成

冰雹開始融化，但落到地面前不會完全融化

小水滴被吸入

冷空氣下降

暖空氣上升

Q 雷雨時放風箏安全嗎？

A 不安全，但科學史上真有人這麼做過。1752年6月，美國科學家班傑明·富蘭克林（Benjamin Franklin）在暴風雨時放風箏，驗證自己提出的「閃電是電」理論。他知道潮溼的線會導電，所以認為只要站在門廊觀察線的乾燥部分是否有帶電徵兆，就可以確保安全，而不需真的等雷打到他身上。好險這位科學家相當幸運，他似乎不知道，暴風雨時電壓極高，電流連空氣都能通過，乾燥的線當然無法阻止雷擊打到他身上，讓他差一點死掉。

Q 颶風的成因為何？

A 颶風是地球上最強大的風暴之一，從大西洋或東北太平洋的溫暖熱帶海域汲取能量。這些旋轉的風暴在西北太平洋稱為颱風，在南太平洋和印度洋則叫做旋風。這些風暴會在溼暖空氣上升時，於海域上方成形，並把周遭區域更潮溼的空氣吸過來，而隨著空氣衝進來，地球自轉造成的科氏力效應會使風暴循著曲線路徑行進，導致發展中的風暴在北半球以逆時針旋轉。隨著上升空氣冷卻，溼氣會凝結並形成雨雲。只要海洋有充足的熱能，風暴就會持續增長，最終可能風速會到時速119公里，達到颶風的官方定義。隨著颶風愈轉愈快，在其中心會形成一個被強勁的風所圍繞的平靜低氣壓「颶風眼」。薩菲爾辛普森颶風風力等級依據風速把颶風分類為一到五級，第五級颶風的風速達到時速250公里以上。

北大西洋的颶風大多在非洲西岸成形，然後被盛行的東風帶往北美洲、加勒比海及墨西哥灣。颶風一旦登陸就會減弱消散，但是在此之前會以毀滅性的強風豪雨降臨在其行經路徑的任何事物上，也會導致造成海平面異常上升的風暴潮。大西洋每年平均會生成六個颶風，不過2020年的颶風季格外活躍，截至當年9月底已經有八個颶風產生。

Q 颶風需要什麼條件才能成形？

A 在北大西洋，颶風季從6月初一直到11月底。颶風是由熱能提供動力，只有在上層海域溫度達到26℃以上時才會成形，因此颶風總是源自於熱帶與亞熱帶區域。海洋在夏季月份逐漸變暖，在8月或9月達到形成颶風的最佳溫度。大西洋的垂直風切（風速與風向隨著高度出現劇烈變化）在夏季會減弱，風切會擾亂溫暖潮溼空氣的垂直流動，導致風暴裂解，因此要是沒有風切，風暴成形的機會就會更高。

Q 如何預測颶風？

A 預測颶風有兩個要素：預測颶風強度，以及可能會在哪裡登陸。這兩項都是複雜的工作，不過預測強度最具挑戰性，因為這需要對於颶風眼內部大氣循環等相對小尺度的現象有所了解。但多虧衛星觀測能力改善，以及更強大的超級電腦所賜，近數十年來，我們預測颶風侵襲地區的能力有巨幅增進。氣象學家建構先前颶風與當下天氣狀況資料的電腦模型，再加上模擬海洋與大氣運作的方程式，來計算颶風可能的行進路線。在1980年代，行進路線預測平均會偏離650公里，如今已降低到185公里。

Q 氣候變遷會影響颶風季嗎？

A 颶風與溫暖的海洋有密切關聯，因此氣候變遷造成的升溫現象，似乎有可能會影響颶風形成。根據聯合國政府間氣候變化專門委員會（IPCC）預測，氣候暖化雖然可能不會影響我們每一季經歷的颶風數量，但有可能會使其強度提升。到了2100年，達到4級或5級颶風以及其他熱帶旋風的數量 預估會增加30％左右。

氣候變遷造成大氣中溼度增加，預期也會產生一些降雨量多出10％的颶風。海平面上升也會使得沿海地區更容易淹水，使得颶風造成的損害更形惡化。氣候變遷與許多影響颶風形成的因素之間有很複雜的相互關係，因此很難把任何一個颶風的形成直接歸因於氣候變遷。

Q 酷熱的夏天會使秋天提早來臨嗎？

A 夏天格外炎熱時，象徵秋天的水果和莓果可能會提早成熟，但許多秋天的其他徵兆不受影響，甚至會因爲夏天酷熱又延長而出現得更遲。夜晚開始變涼時，樹葉才會轉黃，因爲溫度必須先降低，葉綠素才會分解。此外，鳥類不是由天氣判斷何時該向南方遷移，而是由變短的白晝來判斷。

Q 若全球暖化使降雨增加，額外的雲可否阻擋陽光，幫地球降溫？

A 雲量和全球氣溫間的關係很複雜，它一方面能阻擋陽光，將其反射回太空中讓地球降溫；另一方面也會留住地表輻射出的熱，造成升溫。這兩種相反作用如何平衡，取決於雲的種類。舉例來說，低雲族通常是不透明的，能讓降溫程度大於升溫；飄渺的高雲族雖可讓多數陽光通過，卻會有效防止熱散失，造成暖化。若考量全球範圍，目前雲對地球來說有淨冷卻的效果，讓氣溫降低5℃左右。

科學家預測氣候變遷會促進蒸發作用，增加全球總雨量，但不同地區會有極大差異。然而雨量增加不一定代表雲量增加，各種條件改變會影響雲的形成和地點，以及它們如何演變。在部分地區，氣候變遷可能使更多低雲形成，這就能抵銷全球氣溫上升。但在中緯度地區，低雲量會下降，同時熱帶地區中層風暴雲的路徑預計會往極區偏移，行經陽光較少的區域並減低降溫效果。高雲族的高度或許會抬升，而較高的雲比較冷，因此同樣能吸收地球輻射熱能，大部分再傳回地表而非太空，造成升溫。我們很難預測這些過程會讓地球升溫多少，因為它還可能導致正回饋循環而加速升溫。眾所皆知，雲非常難以預測，但多數氣候模型都認為其改變會造成升溫加劇。

Q 雲為什麼有兩層？

A 雲的生成原因是潮溼空氣在大氣中上升，當溫度和壓力降低，空氣中的水汽（水蒸氣）凝結成小水滴或冰晶，因而形成雲。雲形成的高度取決於空氣的溫度、壓力和水分含量。世界氣象組織（WMO）依據高度把雲分成三大類，但由於雲本身可能相當高，所以這三類之間有很大的重疊區間。底部位於高度2公里以下的雲稱為低雲族，大部分是液態水滴，常見的種類包括棉花狀的「積雲」和沒有明顯特徵、平板一樣的「層雲」。中雲族的高度位於2至7公里之間，包括面積廣大、像毯子一樣的「高層雲」或一塊一塊的「高積雲」，其中可能是液態水滴或冰晶，依高度而定。高雲族底部離地表五公里以上，由冰晶構成，呈稀疏透明狀，例如纖細的「卷雲」。

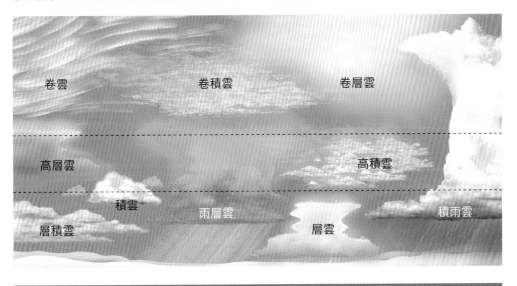

卷雲　卷積雲　卷層雲

高層雲　高積雲

積雲　雨層雲　積雨雲

層積雲　層雲

Q 氣泡飲料釋出的二氧化碳對大氣有影響嗎？

A 氣泡飲料確實會釋出二氧化碳，但跟人類排放的總量相比只是九牛一毛。一罐汽水含有2到3克二氧化碳，而英國每人每年平均製造6噸二氧化碳，等於每天17公斤。此外，灌入碳酸飲料中的二氧化碳通常是發電廠的副產品，也就是說，這些二氧化碳本來就會排放到大氣中。

Q 如果我今年47歲，該種幾棵樹才能彌補我這輩子排出的碳？

A 英國的人均碳足跡每年將近13 噸二氧化碳當量（CO2e），而根據全球氣候變遷績效指標（CCPI）資料，2017年台灣人均溫室氣體排放量為13.6公噸。二氧化碳當量是將所有溫室氣體（如甲烷和一氧化二氮）的暖化效果換成二氧化碳來計算，考慮到我們出生後，碳足跡會每年逐步增加，把這個數字乘以47年後扣掉一些，同時假設孩童時期的排放量和成人時相等，合計大約是500噸二氧化碳當量。

這相當於在英國種下一公頃混合闊葉林並任其生長50年，可由大氣吸收的二氧化碳量約等同2,250棵樹，若配合英國政府的補助方案，花費會落在1到2.5萬英鎊（約合新台幣38萬到96萬元）。然而英國（甚至全世界）能種下的樹有限，而且還要等上許多年，樹木才能吸收足夠的碳。所以植樹計畫有其極限，比較有效的方法是針對上方圓餅圖的特定部分執行減碳措施。

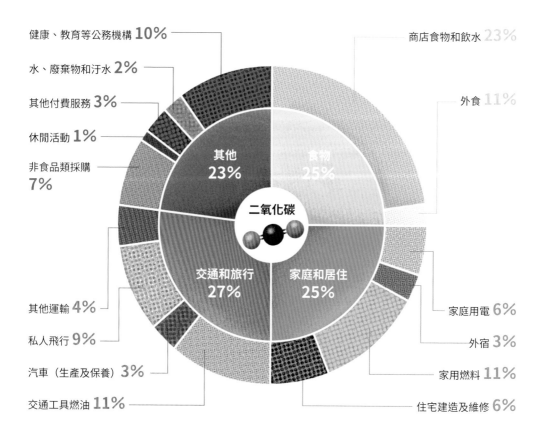

- 健康、教育等公務機構 **10%**
- 水、廢棄物和汙水 **2%**
- 其他付費服務 **3%**
- 休閒活動 **1%**
- 非食品類採購 **7%**
- 其他運輸 **4%**
- 私人飛行 **9%**
- 汽車（生產及保養）**3%**
- 交通工具燃油 **11%**

其他 **23%**

食物 **25%**

二氧化碳

交通和旅行 **27%**

家庭和居住 **25%**

- 商店食物和飲水 **23%**
- 外食 **11%**
- 家庭用電 **6%**
- 外宿 **3%**
- 家用燃料 **11%**
- 住宅建造及維修 **6%**

資料來源：《香蕉不好嗎？生活周遭的碳足跡》新版（*How Bad Are Bananas? The Carbon Footprint Of Everything*）。

Q 如果當初繼續使用氟氯碳化物，會有什麼後果？

A 1970年代晚期，科學家注意到臭氧層的臭氧濃度不斷下降。臭氧層位在平流層內，離我們頭頂約15至30公里，它會吸收大部分來自太陽的有害輻射，幫我們抵擋紫外線B光和C光。臭氧濃度下降的兇手是誰？是我們在冰箱、噴霧劑、冷氣中都會使用的氟氯碳化物（CFCs）。CFCs進入大氣後會釋出氯原子分解臭氧，讓更多紫外線輻射進入地表。隨著消失速度加快，各國展開積極作為，1989年197個國家共同簽署的《蒙特婁公約》生效，至今已逐步禁止99％的CFCs和其他破壞臭氧的化學物質使用。估計2050年代臭氧濃度即可完全恢復，若沒有這項公約，CFCs 用量可能持續上升，為地球生命帶來災難。

紫外線B光可能會讓人罹患皮膚癌和白內障，一項預估顯示，原本在2030年之前全球會增加200萬起皮膚癌病例，而2065年地表紫外線輻射強度將達到今日的三倍，任何程度的日曬都將非常危險。過度暴露於紫外線B光下會阻礙植物生長，導致農業產量下降，引發食物短缺。輻射也對組成海洋食物網的浮游植物有害，這對生態系造成的衝擊將難以估計。

CFCs是強力的溫室氣體，美國一項研究曾估計，若當初沒有控制其用量，2070年全球氣溫將再上升2℃，引發洪水、乾旱、颶風、熱浪等極端氣候。幸運的是，我們已經避免了這些災難發生，《蒙特婁公約》也被譽為史上最成功的環境法規。

Q 為什麼不直接注視微弱星光，反而看得比較清楚？

A 天文學家把這招叫做「移轉視覺」。位於視網膜中央的是視錐細胞，讓我們能夠看到色彩，但需要良好光線。在中央以外的感光細胞則是視桿細胞，負責黑白視覺，在光線微弱情況下的感應性比視錐細胞來得好。往側邊望去可以讓更多微光物體發出的光線進入視桿細胞，因此能看到星光。

Q 為什麼有時候能在白天看見月亮？

A 事實上，幾乎每天白晝都能看見月亮。地球每24小時自轉一圈，所以月亮會有12小時處於地平面上，這段時間通常有一部分是白天，但因月亮亮度遠不及太陽，要很仔細才能看見。接近新月時我們無法在白天看見月亮，因為它在天空中的位置太靠近太陽；接近滿月時也不行，因為月亮在日落時升起、日出時落下，要看見它只有在夜裡。

Q 在南半球看月亮會上下顛倒嗎？

A 確實會。在南半球看到的月亮和北半球上下相反，單純就是方向問題。假設月球環繞地球的軌道和赤道位於同一平面，在北半球看來月亮永遠都會位於南方天空，因為赤道就在那個方向。在南半球狀況則正好相反，月亮看起來永遠都位於北方天空。這兩個觀察者從相反方向觀看同一個天體，所以兩人當然會看到相反面向。因此，月亮上的人臉從南半球看起來是上下顛倒的，其實比較像兔子。

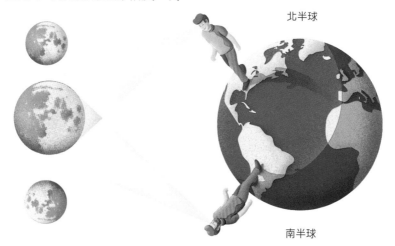

北半球

南半球

Q 怎樣才能看到超級月亮？

A 「超級月亮」是指月球環繞地球時，到達最接近地球的點（近地點）或落於其90％範圍內。它可比一般滿月大上14％，亮度高30％。就定義而言，新月也可能是超級月亮，只是我們看不到，所以不這麼說。

超級月亮是用雙筒望遠鏡觀察月表的好機會，但滿月並非最佳觀察時機，因為這個時候太亮。較理想的時間是滿月前後幾天的夜晚，能看到最多細節。月球最明顯的特徵是隕石坑，尤其是年代較近的幾個，原因是由於這些隕石坑比較亮。此外還能看到月表中央左邊，有個又大又亮的哥白尼坑（Copernicus），直徑93公里，年代約在8億年前，以月球標準而言相當年輕。若在月表畫一條垂直中分線，阿波羅11號降落的寧靜海大概跟哥白尼坑互相對稱。

用雙筒望遠鏡觀察，應該還能看到兩個明顯的隕石坑。阿里斯塔克斯坑（Aristarchus）位於哥白尼坑左邊，巨大的第谷坑（Tycho）則在相當下方。如果仔細觀察，還可以看到許多隕石坑，每一個都是月球幾十億年來飽受撞擊的證據。

阿里斯塔克斯坑

哥白尼坑

第谷坑

Q 如果天空中流星的方向是直接朝我們飛來，看起來會是什麼樣子？

A 流星，又稱隕石，是一小塊岩石或塵土在地球大氣中燃燒所形成。如果流星直接朝我們飛來，看起來會像是短暫出現在天空中的亮點，而不是我們心目中一道長長的光芒。這個短暫亮點不容易用肉眼看到，但在長時間曝光的流星雨照片中就可以看見。

Q 怎樣找到北極星？

A 天上星辰會隨季節更替而變換，不過從北半球仰望星空，有一顆恆常不變，那就是北極星。它幾乎就坐落在北極正上方，因此叫做北極星，與地球自轉軸成一直線。地球自轉時，北極星幾乎維持在固定位置，其他星星則繞著它轉。北極星實際上是三顆恆星，但它們鎖在互相繞轉的軌道上，在我們看來就像小熊座裡的一顆星子。三顆恆星中最大的是一顆黃色超巨星，質量是太陽的五倍，亮度超過太陽千倍，距離地球約 400 光年，但在夜空中的亮度仍落在第 50 名左右。無論位於北半球何處，全年都能夠看到北極星。想要找到北極星，最簡單的方法是透過大熊座。大熊座是著名平底鍋狀的「北斗七星」所在之處，先尋找構成「鍋盆」的四顆亮星，再找出「鍋柄」的那三顆，就能找到北斗七星。接下來，想像一條直線

連接「鍋盆」邊緣的兩顆星星，然後延伸這條線，直到發現一顆格外明亮的星星，那就是北極星。地球的自轉軸是傾斜的，像個陀螺儀，以叫做「進動」的緩慢過程轉動。這代表再過 2,000 年，現在的北極星就不再是北極星，而會換成仙王座的雙星系統「少衛增八」。

獵戶座

參宿四

獵戶腰帶

參宿七

Q 要怎麼看到參宿四？

A 參宿四是夜空中最具代表性也最明亮的恆星之一，若想學習辨認星星，參宿四是很好的開始。它的英文名字「Betelgeuse」來自阿拉伯文，念起來像是1988年的電影《陰間大法師》（Beetlejuice）。

參宿四能用肉眼觀測，想找到它，首先要找出組成「獵戶腰帶」的三顆星，12月初，這個星群會於凌晨時分由東方地平線升起，接著每天越來越早。看見它之後，找出腰帶左上方明亮的紅色星星，那就是參宿四，也是獵戶座的右肩（我們觀測時的左手邊）。如果錯過了冬天也別擔心，直到隔年4月都還看得見。

參宿四呈現紅色，是因爲它是一顆年老的「紅超巨星」，直徑超過10億公里，體積將近太陽的1,000倍。參宿四和其他紅超巨星一樣，會藉由戲劇化的超新星爆炸結束生命。爆炸過程非常明亮，地球上的白天也能看見。2019年10月，參宿四變得異常黯淡，有人因此猜測它卽將爆炸。2020年2月，變暗的趨勢卻停止了，原來是由星星表面巨大的「星斑」（溫度較低的部分）所導致。根據目前最佳估計，參宿四的超新星爆炸會在未來10萬年內發生，所以我們還有充足時間欣賞它在夜空中放出的紅色光芒。

北河二

北河三

雙子座

獵戶座

參宿四

參宿七

Q 怎樣才能看到雙子座？

A 雙子座是少數看起來名實相符的星座。一旦你知道怎麼找到雙子座（兩顆最亮的星星是北河二跟北河三），就很容易在世界上大多數地區看到它。

雙子座是黃道13星座之一。這些星座全都坐落在天空中一條叫做黃道的假想線上，那是太陽在一年內橫越天空的軌跡。在北半球的1月到3月間，整晚都看得到雙子座，一直到5月。有漫漫黑夜的1月跟2月，則是找到雙子座的絕佳時期。要找到雙子座，先從獵戶座開始，在北半球1月到2月間，你可以晚上9點往南天找到獵戶座，隨著夜越來越深，它會

越往西跑。獵戶座最亮的兩顆星星，是位於腰帶上方左肩處，看起來紅紅的參宿四，以及位於腰帶下方右腿處，看起來藍藍的參宿七。想要找到雙子座，就從參宿七畫一條穿過參宿四的假想線，繼續往前延伸，直到你看到有兩顆靠得很近的亮星時，就找到北河二與北河三了。

這兩顆亮星就是雙胞胎的頭，所以只要找到北河二與北河三，你應該就能夠找出位於這兩顆星星與獵戶座之間，雙子座剩下的部分。

昴宿星團

畢宿五

獵戶座

參宿四

金牛座

參宿七

透過天文望遠鏡看見
的七姊妹星團。

Q怎樣才能看見昴宿星團？

A昴宿星團又名七姊妹星團，是夜空中最著名的星團。昴宿星團是所謂的「疏散星團」，也就是一群源自於同一團巨大塵埃與氣體雲的恆星，隨著塵埃氣體雲受到重力影響而崩潰，溫度隨之上升，恆星也就開始成形，並且被彼此的重力吸引而鬆散地束縛在一起。

昴宿星團有3,000多顆恆星，全都不到一億歲，相較於太陽的46億歲，簡直就是小寶寶。這個星團的名字可能是源自於古希臘文的「plein」，意思是「啟航」，因為這個星團每年首度出現在破曉天際時，就是宣示揚帆啟航季節的開始。人們認為，普勒阿得斯這個名稱後來在希臘神話用來稱呼泰坦神亞特拉斯與海洋女神普勒俄涅的七個女兒。

昴宿星團座落在夜空中的金牛座。在沒有光害的地區，可能以肉眼看到多達14顆恆星。你可以在10月到4月間看到昴宿星團，不過最佳觀賞月份是11月，那時整個晚上都可以看得到昴宿星團。要找到昴宿星團，首先找到獵戶座腰帶的3顆星星。在11月晚上10點左右，往東方地平線上方望過去，沿著腰帶從左至右畫一條虛擬線，把這條線繼續延伸到獵戶座的弓，這樣就可以找到金牛座最亮的畢宿五。過了畢宿五，再往同樣的方向繼續延伸，就是昴宿星團。其中最亮的五顆星看起來就像是個迷你版的北斗七星，所以相當好認。找到昴宿星團之後，要是有雙筒望遠鏡的話，就可以把該星團的星星看得更仔細喔！

W型　仙后座

飛馬座

仙女座星系
（M31）

秋季四邊形

仙女座

Q 全年都可以看到仙女座星系嗎？

A 是的，不過冬季較暗的幾個月最清楚。仙女座星系距離地球250萬光年，是肉眼可見距離最遠的天體。它是最接近銀河系的星系，在天空全暗時才看得見，但好消息是，北半球其實全年都看得到仙女座星系。要找到仙女座星系，最容易的方法是先尋找仙后座。對北半球的觀星族而言，仙后座屬於「拱極星座」，也就是永遠位於地平線以上。晴朗的夜晚，只要朝東北方看，通常可以輕易找到由五顆最亮星星（所謂「星群」）形成的W型仙后座。找到仙后座之後，就可用W的右半邊當成指標，找出仙女座。仙后座和仙女座之間的距離大約是W高度的三倍，用肉眼觀看時，仙女座非常

暗，但用雙筒望遠鏡觀察則可以看到雲朵狀的整座星系。觀察這片天空時，還可以利用附近的「秋季四邊形」來測試當地的光害狀況。這個四邊形相當接近正方形，在秋天一片黯淡的星空中，它的四個頂點特別明亮，位於仙后座的W型右下方。找到秋季四邊形之後，讓眼睛適應一下，再數一數四邊形裡有幾顆星星。如果一顆都沒有，代表當地的光害相當嚴重，四顆算一般、九顆為輕微，21顆則表示光害非常少。天空全暗時，肉眼最多可以在四邊形裡看到35顆星星。

仙女座星系離我們250萬光年。

Q&A

CHAPTER 05

太空數理
漫遊宇宙科學殿堂

飛機為什麼不能飛上太空？

飛機其實有能力飛上太空，人們也曾讓它在50多年前辦到這件事，但不是機場看到的那種，原因是傳統飛機需要空氣來推進升空，而太空卻是真空。

史上第一架飛上太空的飛機是設計於1950年代的X-15，當時提供給NASA的前身，美國國家航太顧問委員會（NACA）使用。這架飛機於1959年6月首次飛行，以短而寬的薄型機翼提供升力和穩定性，飛行速度超過音速5倍，同時配備嶄新的火箭發動機，輸出馬力像傳統飛機引擎一樣可以調節。1963年，一架使用氧和乙醇作為燃料的X-15飛出超過100公里的高度，一般大多認為太空範圍從此處開始，這次飛行心得後來也成為美國太空梭計畫和維珍銀河（Virgin Galactic）等現代商業太空飛機公司的重要參考。

3D列印機在太空中能正常運作嗎？

好消息，可以！2014年首架3D列印機送上國際太空站後，NASA就開始執行太空製造計畫（In-Space Manu-facturing）。列印機把塑膠加熱融化成牙膏狀後輸出，層層堆疊成立體物件，過程在微重力下運作相當順利。這部印表機和後續機種生產的物品包括了一支棘輪扳手、一個天線元件和連接兩部太空站機器人的組件。

外號「大塊頭」的巴瑞‧威爾摩爾（Barry Wilmore）在國際太空站內展示以3D列印製造的棘輪扳手。

Q 我們在地面上看得到國際太空站嗎？

A 全年無論何時，我們頭上400公里處，隨時有六個人在一座巨大科學實驗室裡環繞地球。國際太空站（ISS）是地球最大的人造衛星，也是效果極佳的日光反射裝置，因此是天空中除了太陽和月球之外最亮的物體。

用肉眼觀測ISS是最有趣也最有成就感的觀星活動，只要知道該在什麼時候朝哪個方向看。ISS 行進速度約是每小時2.8萬公里，相比之下，飛機飛行速度約是每小時900公里。它每90分鐘繞行地球一次，不到六分鐘就可橫越整個天空。觀測ISS的機會從每月一次到每星期數次不等，依其軌道路徑和時節而定。在北半球夏季，照射到ISS的日光足以讓它整夜都看得見，而在其他季節，要借助日出和日落時的日光才能看得到它，午夜時分則太暗。

要看到ISS，先尋找快速劃過天空的白色亮點。它的光是持續的，所以如果光點會閃爍或呈現紅色，那應該就是飛機而不是太空站。想知道ISS 什麼時候會經過自家上空，可以到NASA的「尋找太空站」網站（spotthestation.nasa.gov）輸入所在地，網站就會列出太空站經過上空的時間和方位，加入會員還可在觀測前12小時收到通知。如果所在地有很多大樓，請選擇最大高度為40度以上的觀測機會，ISS通過時低於這個角度時很容易被大樓擋住。

Q 國際太空站的模組能用於火星任務嗎？

A 極為不可能。國際太空站的組件並不是設計用來承受火星任務的加速度，以及星際旅行時遭受的輻射量，也沒有適當的維生、供電、貯油、接泊以及登陸系統。長期來說，重新打造一部火星探險車便宜很多，事情也比較單純。

Q 為什麼太空裝都是白色的？

A 太空環境相當危險，有許多極熱和極冷的狀況。為了讓太空裝內的控溫系統運作得更有效率，太空裝的材質必須能反射輻射（大多是日光），因此都是白色的。採用白色材質的另一理由是，這樣可讓組員較容易看見彼此，即使在黑暗的地球陰影內也看得見。

Q 要是太空船掉在我家，能歸我所有嗎？

2019年4月2日，中國的天宮1號於上午墜入地球大氣層、墜落在南太平洋中部區域，大多數零組件皆於大氣層焚毀，未對地面造成損害。就技術上來說，太空船屬於原發射國的財產，不過國際法關心的是，倘若太空船墜毀時造成損害跟汙染，要找誰負責。NASA太空實驗室的殘骸在1979年墜毀於澳洲時，便讓當地居民保有他們撿到的任何殘骸。

中國的天宮1號太空船。

Q 太空垃圾的問題有多嚴重？

從1950年代開始積累的太空殘骸，是個明文記載的問題。NASA估計近地軌道上約有2.2萬個直徑超過10公分的物體，比較小的物體則可能有數千萬個。這些垃圾大多移動速度極快，高達子彈速度的七倍；以這種速度，即使是一分錢大小的物體，也可能輕易摧毀太空船。更令人擔心的是，可能再過數十年，太空垃圾就會達到「臨界質量」，也就是一次大型擦撞就造成失控的連鎖反應，導致極嚴重的損傷。可能清理方法包括用網子、太空魚叉、雷射光或迷你衛星蒐集殘骸，甚至迫使太空垃圾在大氣層裡燒毀。

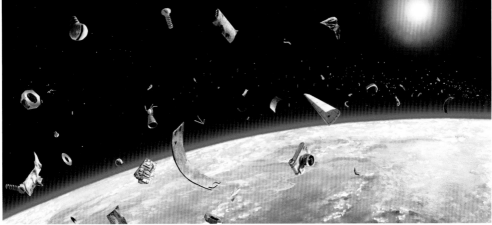

Q 太空是什麼顏色？

A 如果把所有來自星系和恆星的光，和宇宙所有氣體和塵埃摻在一起，結果會非常接近白色，但其實帶有一點米色。然而平均分散到整個天空之後，這種米色會被稀釋，看來幾乎是黑但並非全黑。宇宙這麼廣闊，恆星又這麼多，天空不是白色或許有點出人意料，不過這是因為宇宙的歷史有限，來自最遠恆星的光來不及傳到我們眼中。

Q 我們每天在太空中移動多少距離？

A 這個簡單的問題其實違反了物理學基本公設：缺少共通參考座標系。要討論地球運動時，我們必須先釐清是相對於哪個天體的運動。比如在赤道上，我們每天相對於地球中心行進約4萬公里，地球的公轉每天帶著我們相對於太陽中心行進約250萬公里。此外，地球每天相對於銀河中心行進約1,900萬公里。地球每天還相對於宇宙微波背景輻射（CMB）行進約4,700萬公里。CMB是從宇宙誕生時留存至今的輻射，應該是最適合的共通參考座標系。以上這些速度的方向隨時在改變，所以把它們相加其實沒有意義。

Q 距離多遠的外星人能偵測到地球的無線電訊號？

A 商用廣播無線電約在100年前出現，早期使用的電波頻率多半會消失在大氣層，或淹沒於太陽釋放的輻射波中。不過冷戰時期開發出偵測彈道的軍用雷達，強度與頻率可傳至數百光年外，距離地球60光年之內的外星人，都已透過這些訊號得知我們的存在。

Q 我們如何計算到其他星系的距離？

A 有幾種不同的方法，不過最常用的是「標準燭光法」。我們得先知道太空中的某個星體實際上有多亮（其「內在」亮度），然後就可以根據它從地球上看上去有多亮（其「外在」亮度），估算該星體與我們之間的距離。「造父變星」（Cepheid variable）就是一種標準燭光的類型。造父變星是內在亮度與脈動速度之間維持一致關係的恆星，因此你可以看著一顆造父變星，倘若它的脈動速度是x，你就知道其內在亮度是y。測量一顆造父變星的內在亮度，或是像是超新星之類其他種類的標準燭光，可讓天文學家計算我們與標準燭光所在星系的距離。

位於遙遠星系的標準燭光太過微弱，派不上用場，因此天文學家經常採用「哈伯－勒梅特法」：星系距離地球愈

遠，遠離我們的速度就愈快，這正是宇宙膨脹這個事實所造成的結果。天文學家先分析該星系發出的光朝向其光譜紅色端的位移情形，藉此測量其速度；一旦知道其速度，就能算出該星系與我們之間的距離。

Q 有可能在地球上製造蟲洞嗎？

A 愛因斯坦跟他的同事納森·羅森（Nathan Rosen）在1935年指出，黑洞理論上可由蟲洞連接。蟲洞是穿越空間與時間的捷徑，把相隔以光年計的黑洞連結起來。若要在地球上製造蟲洞，首先要有個黑洞，問題來了：光是製造出一個直徑僅1公分的黑洞，就需要把相當於整個地球的質量，壓縮到那麼小的尺寸。

此外，理論學家在1960年代指出，蟲洞極為不穩定。量子理論預測有一種叫做「奇異物質」（exotic matter）的東西存在，可能可用來穩定蟲洞；科學家認為這種怪東西具有反重力效應，可防止蟲洞崩塌，但是沒人知道要怎麼弄出這玩意。就算有人成功了，可能也毫無意義，因為理論學家如今懷疑，穿越蟲洞旅行實際上花的時間，可能比直接走傳統路徑穿越太空還要久。

Q 朝我們而來的天體有藍移現象嗎？

A 宇宙天體發出的波長依其相對於觀察者的運動而改變。遠離中的天體會有「紅移現象」，也就是光波朝可見光譜中波長較長的紅色端偏移。雖然宇宙正在擴張，但不是所有天體都有紅移現象。巴納德星（Barnard's Star）等恆星正朝我們靠近，因此產生「藍移現象」，也就是在光譜中朝波長較短的一端偏移。此外，某些星系也有藍移現象，如仙女座星系。這是因為在短距離內星系間的局部引力可能大於宇宙擴張。目前發現最強的藍移來自一個球狀星團，它以每秒1,026公里朝我們呼嘯而來，但不用害怕，它距離我們還有好幾百萬光年。

Q 宇宙裡最大的天體是什麼？

A 宇宙裡已知最大的物體結構叫「武仙—北冕座長城」，是一大群由重力連結在一起的星系，估計長達100億光年。然而，科學家認為它屬於大尺度纖維狀結構（galactic filament），而非真正「天體」，這一般是指恆星或星系等密集聚合的物體。目前已知最大的橢圓星系是直徑400萬光年的IC 1101，而最大的螺旋星系則是直徑65萬光年的馬林一號（Malin 1）。至於半徑最大的恆星，一般認為是盾牌座UY，這顆紅超巨星半徑是太陽的1,700倍，估計超過10億公里。

我們的太陽和盾牌座UY紅超巨星比起來，不過一粒灰塵！

Q 若把宇宙視為一個整體，它目前處於哪種物質態？

A 這是個好問題！這個宇宙裡已知存在的物質，有大約85％是還沒辦法實際觀測的「暗物質」，科學家也不知道它處於哪一種物質態。不過就我們能看見的物質而言，絕大多數屬於電漿，也就是一部分（或全部）電子被剝離的原子形成的離子化氣體。恆星內部約有10％是電漿，其餘組成則是離子化的氫。

Q 暗物質有可能在大霹靂之前就存在嗎？

A 解釋暗物質的大多數理論，都假設粒子是在大霹靂之後創造出來的，然而大霹靂並不是空間與時間的肇始。有個大多已經觀測證實的理論指出，在大霹靂之前的「宇宙膨脹」階段，宇宙除了一個能量場以外一無所有。暗物質有可能是在宇宙膨脹時期產生的，倘若如此，那麼暗物質所具備的特徵，就應該銘刻於分散在宇宙裡的物質上頭。

Q 天體為什麼多以希臘和羅馬神祇命名？

A 從水星到土星的行星都能以肉眼看見，所以古代就已知它們存在。在西方，這幾個行星的命名者是古希臘人，名稱也一直保留至今。天王星不需要望遠鏡也看得到，但在空中移動得相當緩慢，因此一直被誤認爲恆星，直到1781年威廉·赫歇爾（William Herschel）才證明它是恆星。赫歇爾本來想以英王喬治三世把它命名爲喬治星（Georgium Sidus），但這個名字在英國以外不常見，天文學家最後還是依照神話傳統，把它命名爲天王星。現在天體的命名規則由國際天文學聯合會（IAU）訂定，但不全是希臘或羅馬神祇，好比妊神星（Haumea）和鳥神星（Makemake）這兩個矮行星，名字都來自波里尼西亞神祇。

希臘天文學家喜帕洽斯（Hipparchus）被認為是古典時代最偉大的的天文觀測者。

Q 銀河系裡有幾顆星星？

A 天文學家也無法確定有多少顆，因為銀河系有些恆星距離太遠、發出的光太微弱，或是被氣體塵埃擋住，所以從地球觀測不到。目前粗估結果有好幾種，有些是依據銀河系的形狀和大小，有些則依據銀河系的可能質量，這些估計值大多介於1,000億到4,000億顆之間。提供讀者參考，從古到今大約有1,000億人曾生活在地球上。

Q 氣態衛星是否存在？

A 氣態衛星和氣態行星一樣，必須比固態衛星大上許多。氣態行星如果太小，重力就不足以抓住大量氫和氦等極輕的氣體。不過這也表示「氣態行星」的大小很可能與它環繞的行星相仿，所以或許應該稱為「雙重行星」（binary planet）。這類氣態雙重行星可能存在，但行星形成過程通常會使兩個天體合併或互相轉向到分離的軌道，因此十分罕見，所以至今還沒發現過！

Q 木星能夠變成恆星嗎？

A 木星經常被稱爲「失敗的恆星」。雖然木星跟多數恆星一樣，主要成分是氫，卻沒有大到足以啟動熱核反應，無法成爲「真正的恆星」。不過「失敗恆星」這個說法也有點誤用，畢竟理論上只要添加夠多的物質，任何星體都可以成爲恆星：只要質量夠大，星體的內部壓力跟溫度就可以達到啟動熱核反應的臨界值，也就是最單純的氫元素所需的臨界值。比方說，爲了把木星轉變成像太陽那樣的木星，就必須給木星添加1,000倍的質量；不過倘若要把木星變成溫度比較低的「紅矮星」，只需

要添加大約80倍的質量就夠了。木星有可能會形成「棕矮星」（在恆星內核融合的不是氫，而是氘），雖然所需的質量還不太確定，不過應該只要13倍就夠了。因此木星雖然無法也不會自己變成恆星，不過若有個質量至少是木星13倍的星體剛好撞上木星，就有可能讓木星變成恆星。

Q 如果把所有氣體抽掉，木星會變得多小？

A 多虧NASA的朱諾號任務（Juno），我們如今對於木星的內部結構多少有了概念。從星球中心往外延伸大約30％半徑的範圍，是一個密度很高的液態核心，由離子化的金屬氫、氦，和混雜其中的較重元素構成。距離中心越遠，壓力與溫度就越低，意味著其液態內核到了某個點，終究會變成由氣態的氫跟氦構成的大氣。這條界線並沒有很明確，不過在木星表面雲層下數千公里處，

大概就是完完全全的液態核心，所以即使把木星的氣體都抽掉，體積仍然會比土星要大。

Q 我們能在金星大氣中的飛船上生活嗎？

A 雖然金星表面環境極爲嚴峻，不過在距離地表50到60公里的上方區域，大氣壓力跟氣溫跟地球很類似。事實上，這裡可能是太陽系裡最類似地球的環境。有人便想像出盤據金星大氣的巨大漂浮城市，這樣就不用排除萬難，花大錢在金星表面進行「地球化工程」（terraforming）打造人類棲地。

不過目前爲止，各大太空機構主要著眼於殖民火星的可能性，部分原因在於火星作爲無人探索任務的目的地，早已獲得比金星更多的關注，另一部分也是因爲生活在漂浮城市裡，人們可能會覺得這樣本來就比較危險。此外人類已經很習慣腳踏實地的生活方式了，因此目前看來，雲端生活依舊只是科幻情節。

Q 「適居帶」是什麼？

A 我們所知的所有生命形式，都需要一項關鍵要素才能生存，那就是液態水。所以天文學家尋找地外生命時，特別注意液態水可能存在的行星。每個恆星都擁有「適居帶」，位於適居帶範圍的行星從恆星接收到的能量，恰好足以讓液態水存在。如果太靠近恆星，水會沸騰蒸發，距離太遠又會結冰。然而這不保證適居帶裡的行星一定擁有液態水，例如行星大氣可能太厚，造成行星溫度過高。

Q 如果地球和太陽成為潮汐鎖定的天體會怎麼樣？

A 這表示地球的其中一個半球會永遠面對太陽，而另一半球永遠都處於黑暗之中，對生命體來說是個壞消息。這樣一來，地球就會沒有四季，面對太陽的那一側溫度會升高至將水煮滾的程度，同時黑暗的一側會變得天寒地凍，唯一熱源只剩下來自向陽側海水和風的流動。兩個半球巨大的溫差很可能導致極強暴風和劇烈雷雨，除了最有適應力的生物外，這種不穩定的氣候，可能使得多數生命都只能在白晝與黑夜的交界處上掙扎求生。

Q 其他行星會影響地球潮汐嗎？

A 地球潮汐受太陽跟月球的重力牽引所主宰，不過其他行星也有自個兒的重力，照理說也有些微影響。由於金星距離地球最近、影響應該最大，然而即使如此，影響力也不過太陽加上月球的萬分之一。就連巨大的木星，其影響力還不到金星的10分之一。因此無論在什麼情境下，這些行星對地球潮汐的影響都微不足道。

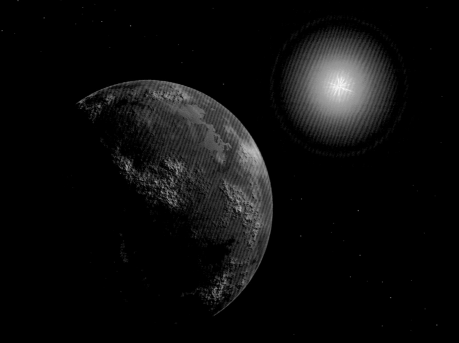

Q 太陽系裡的行星，可能出現和其他行星逆向的軌道嗎？

A 從太陽的北極俯瞰，太陽系的所有行星，同樣都是以逆時針方向繞行太陽，這就是所謂的「順行」軌道。這些行星的運行方向，是形成太陽及其行星的氣體和塵埃雲，最初的旋轉方向造成的結果。行星若要產生「逆行」軌道，也就是行進方向與其母星的自轉方向相反，就需要大幅度的能量改變，方能逆轉最初的順行軌道，這就是為什麼具有逆行軌道的行星很罕見。逆行軌道比較常見於彗星與小行星，因為它們體積較小，要讓它們脫離原始軌道比較容易。不過，逆行軌道確實存在，系外行星克卜勒-2b以及WASP-17b就是兩個例子。造成逆行軌道的過程，有可能是所謂的「古在機制」（Kozai mechanism），也就是第三顆遙遠星體的重力效應，對行星軌道造成攝動，使其軌道逐漸傾斜拉長，最終傾斜到讓軌道整個翻轉過來。另一個可能會造成行星軌道反轉的機制，是與一個大型星體碰撞，或是受到其重力效應的近距離影響；然而這些互動大多有可能完全摧毀行星，或是至少把行星排出其恆星系統。一顆恆星形成其行星的氣體塵埃盤，倘若與另一團物質靠得太近，也有可能自己翻轉過去，使任何從那個氣體塵埃盤形成的行星具有逆行軌道。

Q 宇宙中哪顆恆星最小？

A 有組國際天文團隊於2017年發現了一顆紅矮星，小到幾乎無法作爲恆星。這顆編號EBLM J0555-57Ab的恆星位於600光年之遙，大小跟土星差不多，其質量恰好足以維持融合氫原子核的條件——正是太陽這種恆星的能量來源。只要再小一點，這顆紅矮星就會變成棕矮星，也就是一顆「失敗的恆星」。

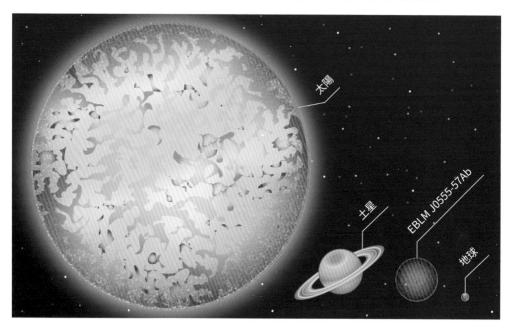

Q 太陽系裡最高的山是哪一座？

A 火星上的奧林帕斯山（Olympus Mons）通常被視爲太陽系中最高的山，高21.9公里，是聖母峰的2.5倍。不過，灶神星（Vesta）上雷亞希爾維亞隕石坑（Rheasilvia crater）中央的山峰高22.5公里，似乎略勝一籌，但山的「基底」高度很難定義，測量值也有不確定性，所以答案並不十分肯定。

奧林帕斯山是火星上的死火山。

Q 太陽系其他行星有板塊嗎？

A 地殼漂浮在熾熱地幔之上，不時造成地震與火山爆發的想法，直到1960年代才廣為接受。有些行星地質學家認為，火星表面的某些特徵以及最初曾有活火山的事實，指出火星可能也有好幾個板塊。

除了這個尚未證實的可能性以外，地球是太陽系裡唯一擁有板塊構造、由巨大的熾熱岩石對流循環構成的行星。這也許是因為地球內部持續高溫，足以讓物質流動，也可能是因為地殼相對較薄，更容易裂開而形成板塊。

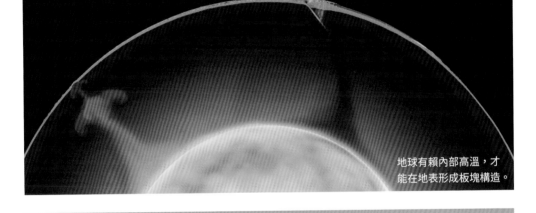

地球有賴內部高溫，才能在地表形成板塊構造。

Q 小行星帶裡，所有小行星共同形成的單一行星有多大？

A 出乎意料的是，小行星帶裡所有小行星的總質量，僅占月球質量4％，其中一半是由四顆最大的小行星構成：穀神星、灶神星、智神星以及健神星。倘若所有物質都

集中形成密度跟穀神星一樣的單一物體，就會成為直徑大約700公里的矮行星，相比之下，冥王星的直徑為1,188公里。這麼小的星體，對於太陽系整體的影響微乎其微。

Q 月塵聞起來是什麼味道？

A 阿波羅任務中，太空人曾回報登月小艇裡的月塵聞起來有燒過的火藥味。但月塵和火藥的化學成分完全不同，所以這可能是塵土和氧或艇內的水反應所產生，也可能是塵土吸附了來自太陽的帶電粒子再釋出的味道。奇怪的是，從月球帶回地球的塵土樣本沒有任何味道，所以無論太空人聞到的味道是什麼，應該都只是暫時的。

Q 如何辨別隕石來自哪顆特定行星？

A 包括隕石在內的岩石，可以用類似「放射性碳定年法」的方法，用其所含某種放射性同位素的比率加以定年。大多數隕石差不多都有45.6億年的歷史，因為它們源自於太陽系誕生時所產生的小行星，所以只要比這年輕，就一定是來自於行星或衛星。科學家發現，來自不同母星體的隕石裡的氧同位素比率都會不同；此外亦發現有些隕石內含的氣體，其同位素成分與某個特定行星大氣的測量值完全符合。綜合這些證據，就可以十分確定大多數隕石的來源。

Q 火星上有化石嗎？

A 若火星上曾有生命存在，而且是可以留下化石的型態，那就有充分的理由認為火星上有化石存在。然而目前毫無證據顯示，火星上曾經有任何生物存在過。不過，維持生命的關鍵要素——水，倒是以冰的形式存在於火星上。一支科學家團隊在1996年聲稱，在一塊火星隕石裡找到細菌化石的證據，但是那項聲明後來遭到駁斥。雖然剛抵達火星的NASA毅力號探測車，其設計目的在於尋找生命的化學痕跡，但是並沒有配備尋找化石遺骸的設備；那需要進行一趟把樣本送回地球的任務。

Q 2020年夏天為什麼有那麼多趟火星任務？

A 2020年7月是各大太空機構特別忙碌的一個月，有三項飛往火星的任務：阿聯希望號火星探測器、中國天問1號，以及NASA的2020火星任務，這三具探測器都在2021年2月抵達火星。但是為什麼有這麼多探測器同時離開地球？原因在於所謂的「霍曼轉移軌道」（Hohmann transfer orbit）。

要從地球前往火星的太空船，會發射進入一個橢圓形軌道。為了節省燃料以及時間，最佳發射窗期會發生在兩顆行星之間的路徑最短時，也就是當地球、火星與太陽排成一直線的時候，這叫做「火星衝」。因為火星這時候在天空中正好位於太陽對面，而這種排列方式大約每26個月會發生一次，為了善用這個特定的行星排列方式，任務必須要在2020年7月啟動，在2021年2月結束，這樣便可將每具探測器必須行進的距離降到最低。其他諸如發射載具的能力、太空船的質量、以及想要抵達火星的時間等因素，也有助於決定確切的發射日期。

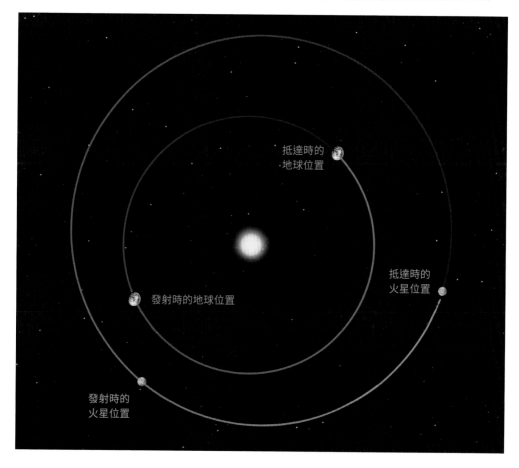

抵達時的地球位置

抵達時的火星位置

發射時的地球位置

發射時的火星位置

Q 火星大氣是怎麼消失的？

A 現今火星大氣層相當薄，當中氣體體積（大多是二氧化碳）還不到地球大氣的1%。不過表面採集到的證據指出，火星以往比現在溫暖潮溼得多，表示其大氣過去一定比現在厚上許多，才能產生強烈的溫室效應，留住太陽的熱能。

拜多次探測任務之賜，我們已知道火星在40億年前誕生初期時磁場相當強，且和地球一樣源自核心內部的熔融金屬對流。但和地球不同的是，火星內部現已冷卻下來，對流機制停止，因此已經沒有整體磁場。沒有了磁場，火星因此無法抵擋太陽風，也就是來自太陽的高能量帶電粒子。失去磁場之後，太陽風只花了幾億年就使火星大氣幾乎散失。

太陽在誕生初期自轉速度較快，太陽風能量更強，所以這個過程相當迅速。失去大部分大氣是火星氣候從溫暖潮溼轉為寒冷乾燥的主要原因，相反地，地球因為依然有磁場，能使太陽風偏轉，因此保有大氣，讓生命得以誕生。

Q 太陽黑子為什麼是黑色的？

A 太陽黑子是人類可見的太陽光球表面中溫度特別低的區域。雖然科學家還不了解太陽黑子的詳細形成過程，但它們正好也是磁場變強的區域。強烈磁場似乎會妨礙熱進入光球，因此使黑子的溫度比周圍低上攝氏數千度。換句話說，太陽黑子的亮度大約只有周圍的三分之一，這樣的對比使黑子看起來顏色更深，甚至可說是黑色。但如果我們能取出一塊太陽黑子，放到夜空中，它看起來其實和地球看到的月球表面一樣亮。

Q 太陽活動會加劇氣候變遷嗎？

A 太陽活動會遵循磁場改變造成的規律循環，通常透過計算太陽黑子來測量，這時太陽表面的黑色區域磁場最強。這些消長週期平均為11年，前半段磁場活動會逐漸增強，直到「太陽極大期」，此時黑子數量可能高達200個以上，過程中太陽的能量輸出也會增強；後半段活動消減，降至「太陽極小期」後就會開啟新的循環。我們目前處於太陽極小期，從2020起至2025年，會觀測到越來越強的太陽活動，不過就算在極大期，地球從太陽接受到的能量也只會

比平均值高出約0.1％。這對全球氣溫的影響非常微小，和人類排放的溫室氣體相比微不足道。過去三次太陽週期每次都比前一次更弱，使得部分科學家猜測，我們可能進入漫長的低太陽活動期。但這抵銷全球氣溫攀升的幅度最多也只有0.3℃，而且只是暫時維持，直到極大期來臨，太陽活動再度增強。

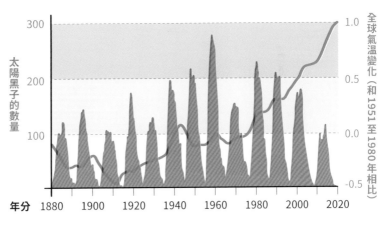

Q 每顆恆星平均有幾顆行星繞行？

A 搜尋地外行星的方法大多偏重於探測特定運行軌道、比較接近主恆星、或是非常龐大的行星。因此在不同的統計和實體假設下，銀河系每顆恆星的平均行星數估計值有許多說法。然而依據各項研究結果，最可能的答案是平均一至兩個，因此銀河系中有多達4,000億顆行星。

Q 如果太陽質量因核融合不斷減少，它為什麼不會變小？

A 太陽是藉由氫原子和其他原子互相擠壓，最後融合而獲得能量，依據愛因斯坦著名的公式$E=mc^2$，這些能量可使太陽質量每天減少3.5億噸。這個數字看來相當可觀，但它的總質量高達10^{27}噸，因此只能算九牛一毛，而且無論任何情況，它大多數時間會讓向內壓擠的重力和核融合造成的向外壓力互相平衡，維持大小不變。但幾十億年之後，太陽大部分燃料耗盡，處於平衡狀態的作用可能會停止。內部成分改變將導致向外壓力不斷提高，最後使太陽重力無法抵擋，它就會開始膨脹，最後變成紅巨星，最遠可能超過地球軌道。

Q 如果磁鐵夠強，可以從黑洞中吸出有磁性的東西嗎？

A 天文學家已知，超大質量黑洞附近的磁場強度可能近似於黑洞本身極強的重力場。這些磁場能排斥黑洞周圍的物質，形成高能量的流出物，稱為「噴流」，不過無法作用在已越過黑洞事件視界的物質，因為那裡的重力太強，連光都無法逃脫。物質至少要加速到光速才可能逃脫，根據愛因斯坦的廣義相對論，這需要無限大的能量，而目前沒有磁鐵的強度足以產生這個能量。

太陽系 10 大衛星

1. 木衛三（Ganymede）
赤道半徑：2,631公里

2. 土衛六（Titan）
赤道半徑：2,575公里

3. 木衛四（Callisto）
赤道半徑：2,410公里

地球
赤道半徑：
6,371公里

4. 木衛一（Io）
赤道半徑：1,822公里

5. 月球
赤道半徑：1,738公里

6. 木衛二（Europa）
赤道半徑：1,561公里

7. 海衛一（Triton）
赤道半徑：1,353公里

8. 天衛三（Titania）
赤道半徑：789公里

9. 土衛五（Rhea）
赤道半徑：764公里

10. 天衛四（Oberon）
赤道半徑：761公里

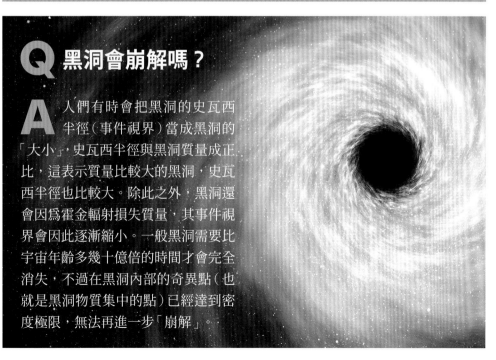

Q 黑洞會崩解嗎？

A 人們有時會把黑洞的史瓦西半徑（事件視界）當成黑洞的「大小」，史瓦西半徑與黑洞質量成正比，這表示質量比較大的黑洞，史瓦西半徑也比較大。除此之外，黑洞還會因爲霍金輻射損失質量，其事件視界會因此逐漸縮小。一般黑洞需要比宇宙年齡多幾十億倍的時間才會完全消失，不過在黑洞內部的奇異點（也就是黑洞物質集中的點）已經達到密度極限，無法再進一步「崩解」。

Q 反物質能夠產生反重力嗎？

A 反物質一如其名，是正常物質的鏡像，由正子之類的粒子所構成。正子的電荷跟電子相反，兩者都會自旋（所有次原子粒子都有角動量，其值為0、0.5、1或是這些值的倍數，依粒子種類而定）。多數理論學家對於反物質是否能夠產生反重力，都抱持著懷疑，因為量子理論裡面所謂的CPT（電荷、時間、宇稱）對稱定理，認為反物質的「反」並不會延伸到質量跟重力效應上頭。話雖如此，這個定理還是可能有漏洞，過去數十年間被修正過好幾次，才能解釋新發現的宇宙現象。

Q 如果任何東西都逃不出奇異點，宇宙怎麼容得下它？

A 愛因斯坦的重力理論預測宇宙始於奇異點。在這個狀態下，大小為零但密度和重力無限大，因此宇宙無法膨脹。但理論科學家相信，這種狀態是愛因斯坦的著名理論忽略量子效應的結果，同時預測黑洞中存在這種狀態。量子效應將使真正的點狀奇異點無法形成，因此無限大的重力不存在，宇宙也得以膨脹。

Q 既然無法創造能量，那麼它的起源為何？

A 我們在學校裡學到：能量無法被創造出來，只能夠從某種形式轉換成另一種形式。但是宇宙萬物誕生之際，必須要從某個地方獲得大霹靂所需的能量。許多宇宙學家認為這股能量源自於所謂的量子不確定性，可以讓能量憑空出現。然而我們並不清楚為什麼這股宇宙能量能夠持續那麼久，足以促使大霹靂發生。

Q 重力子真的存在嗎？

A 重力子可說是理論物理的最大挑戰，也就是尋找「萬物理論」的核心。萬物理論是套可以描述宇宙裡所有力量與粒子的方程式，理論學家數十年來一直努力要把愛因斯坦的重力理論，也就是廣義相對論跟描述次原子世界的量子理論結合，然而兩者對於重力的看法卻天南地北。愛因斯坦認為，物質會扭曲其周遭的時空結構，產生吸引力場的效果；量子理論則是用在不同位置轉換，所謂的「交換粒子」解釋所有的力。就重力而言，這些粒子叫做「重力子」。大多數理論學家認為重力子一定存在，因為量子理論已成功地解釋了自然界所有其他的力，不過並不是每個人都認同這種看法。有些理論聲稱把量子理論與廣義相對論結合為一，不過沒有任何理論成功通過驗證，這使得有些人懷疑重力跟其他的力都不一樣，重力子可能壓根就不存在。

即使重力子確實存在，要找到它們是另一檔事。量子理論預測重力的作用距離實際上無限遠，而重力子的質量一定非常低。黑洞相撞產生的重力波相關研究指出，重力子的質量極小，比電子質量的數兆分之一還要輕。重力目前也是自然界最微弱的基本力，這意味著任何重力子偵測器都必須極為巨大，並且置放在極強的重力子來源旁邊，才能偵測得到。計算指出即使有個質量跟木星一樣大的偵測器，環繞著中子星之類的奇異星體（這可能是強烈的重力子來源），也很難偵測到任何重力子。

Q 原子裡的粒子之間有什麼填充物？

A 學校老師都要我們把原子想像成迷你太陽系，電子則是微小「行星」，環繞原子核運動，所以我們自然就認為原子內大部分都是空蕩蕩的空間。不過，量子理論揭露出一個非常奇怪的事實：電子不是繞著原子核運動的固體，反而比較像霧濛濛的雲團，且各處密度並不一樣。這種雲團性質代表電子可能出現在原子的任何地方，因此談論電子和原子核之間的空間並沒有意義。

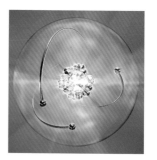

Q 原子怎麼「知道」要跟哪些原子鍵結？

A 正電的原子核外帶有負電電子，位於「殼層」上。鍵結可讓原子彼此交換或共享電子，根據量子理論，一旦每個殼層攜帶上特定數目的電子，原子狀態就可以達到穩定狀態。

一種鍵結方式稱為「共價鍵」，如氧原子需再兩個電子，殼層才會穩定，所以它只要跟另一個氧原子共享兩個電子，就可以讓它們都變得穩定，進而鍵結形成氧分子。

舉例來說，氯化鈉鍵結是因為鈉原子殼層需要失去一個電子，氯原子則需獲得一個電子以達穩定狀態。此時前者帶正電，後者帶負電，異性相吸下，就形成所謂的「離子鍵」。另

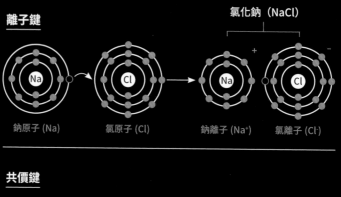

離子鍵

鈉原子 (Na)　　　氯原子 (Cl)　　　鈉離子 (Na⁺)　　　氯離子 (Cl⁻)

氯化鈉（NaCl）

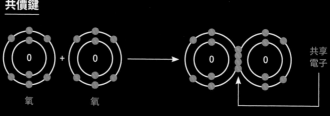

共價鍵

氧　　　氧　　　　　　　　　　　　　共享電子

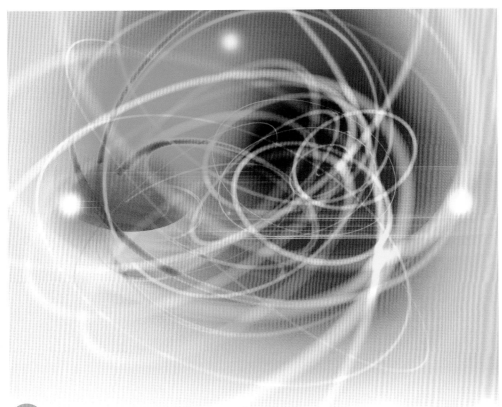

Q 電子怎麼同時是粒子也是波？

A 電子是帶負電的微小粒子，在原子核周圍快速移動。英國物理學家J‧J‧湯姆森（J.J. Thomson）於1897年發現電子時已經知道這點，但是30年後，他的兒子喬治提出另一項發現。喬治讓電子通過金屬薄膜，發現電子會形成干涉圖形，但這是波才有的性質，粒子沒有。喬治和父親同樣獲頒諾貝爾獎，但光子等所有粒子都具有的「波粒二象性」依然掀起激烈爭論。

當時科學界分成兩派，一派認為粒子可隨狀況改變性質，某些實驗中粒子表現得像波，而在其他實驗中又像粒子；另一派則認為它們很特殊，永遠有兩種性質綜合其中，而實驗只能觀察到波或粒子其中一方面的性質。

那麼電子到底是粒子還是波？2012年，英法有兩個研究團隊分別發表實驗結果，判定電子到底屬於何者。簡單來說，他們讓光子進入一具裝置，這具裝置可讓光子呈現波動性或粒子性，研究人員能夠決定要探測哪種屬性。結果發現最奇怪的一種狀況：光子無論何時，都同時具有波動性和粒子性，且不隨狀況改變。這十分令人驚訝，因此許多理論學家認為我們不要以一般概念看待這些粒子。歸根結底，它們都屬於量子，跟我們熟悉的任何事物都不一樣。

Q 世上曾有「小型」強子對撞機嗎？

著名的大型強子對撞機（LHC）以其無與倫比探測天然物質的能力，屢屢登上新聞版面。LHC是累積了數十年的研究結果，用史無前例的暴力方式，讓次原子粒子相撞。

物理學家從1960年代開始，研究如何以兩道粒子束彼此對撞的方式，取代單純讓一道粒子束撞擊靜態目標，以提升粒子的碰撞能量。位於日內瓦附近的歐洲核子研究組織（CERN）科學家，在1970年發明了交叉儲存環（ISR），利用磁鐵加速兩道質子流（質子屬於一種稱為強子的粒子），讓它們對衝，這就是

全世界第一台強子對撞機。儘管ISR直徑僅150公尺，其設計卻可以把撞擊能量提升為撞擊固定目標的30倍。同樣的概念在30年後整合到直徑長達8.5公里的LHC，可以把能量提升200倍。

Q 次原子粒子是什麼形狀？

我們通常把電子或質子等次原子想成類似微小彈珠之類的完美球狀物，雖然電子的確是如此，質子卻是不斷變換形狀。物理學家對他們發射粒子，分析其造成的軌道後，發現質子形狀會受到內部更為微小的「夸克」粒子速度影響。質子內部有三個夸克，互相擠來擠去。

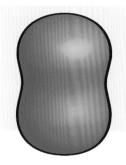
最快速的夸克和質子以同方向旋轉，會呈花生狀。

夸克的移動速度比花生狀或貝果質子更慢時，就會呈橢欖球狀。

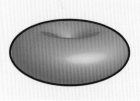
最快速的夸克和質子以反方向旋轉，會呈貝果狀。

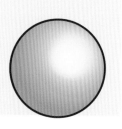
最慢速的夸克會產生球狀。

Q 次原子粒子有顏色嗎？

A 顏色或許看似是物質本身的特性，但其實那是某種過程的結果；準確來說，是物質如何和光互動的結果。在原子中，繞著原子核運動的電子會吸收外來光能，並躍至較高能的階段，這些「激發態」很不穩定，而在回到原本狀態時，電子會重新釋出特定波長的光，也就是我們看到的顏色。然而，單獨的電子（或任何次原子粒子）會消除外來光能，因此不具有特定顏色。

Q 誰是吳健雄？

A 1957年，楊振寧和李政道兩位物理學家從美國前往瑞典受領諾貝爾物理獎。他們獲獎的理由是證明原子核內的弱交互作用確實具有某種特異性質，稱爲「宇稱不守恆性」，大致而言，這使力能夠分辨「左右」的差別。不過證明這種特異性質的並非楊李兩人，而是另一位華裔科學家吳健雄——但她沒有獲邀前往瑞典。

吳健雄於1912年出生在江蘇省太倉市瀏河鎮，主修物理學，後來移居美國，曾參與製造史上第一顆原子彈的「曼哈頓計畫」。她後來任職於紐約州哥倫比亞大學，成爲弱作用力研究專家，1956年楊振寧和李政道向她請益，是否能證明「弱力不遵守宇稱守恆」這個瘋狂想法。這項工作相當艱鉅，但她不到一年就設計出實驗，並解決所有技術問題，證明楊李兩人的想法正確。許多物理學家相當驚訝諾貝爾委員會竟忽視她的成就，後來一位委員指出，她的研究成果發表時已經過了送審期限，所以沒有接受審查。不過吳健雄和其他科學家的解釋簡單得多：性別歧視。

Q 誰是厄恩斯特・斯蒂克爾堡？

A 1960年代末，著名物理學家理查・費曼（Richard Feynman）一次演講結束時，看到一個人默默離開聽眾席。「他完成了這項任務，卻孤單地走向夕陽。」費曼記述，「我在這裡，圍繞在身邊的光環應該屬於他。」

少有人聽說過瑞士物理學家厄恩斯特・斯蒂克爾堡（Ernst Stueckelberg），但他對次原子物理學的傑出見解影響十分深遠，至少應該獲得三座諾貝爾獎。斯蒂克爾堡出生於1905年，30歲出頭就提出革命性的看法，認為使原子核聚集在一起的因素是次原子粒子攜帶的某種力。這個理論現在已被證實，但當初因為被視為荒謬的想法，斯蒂克爾堡放棄了它。後來日本的理論科學家再度發現這個理論，並為此獲頒諾貝爾獎。

斯蒂克爾堡則繼續發展量子電動力學，以解決光和物質間的交互作用問題。他的複雜概念刊登在冷門期刊，沒有人去注意，直到費曼等人提出類似構想，並因此獲得諾貝爾獎。但他並沒有退縮，又提出理論來解釋次原子力在粒子加速器中的特性，1984年他去世後數年，這套預測獲得證實，當時又已有其他人因為類似研究成果獲頒諾貝爾獎。斯蒂克爾堡成就非凡但沒沒無聞，證明在科學界中，來得早並不重要，還得被注意到才行。

Q 我們為什麼無法想像超過三維的世界？

A 我們的腦受演化形塑，無法思考三個以上的維度，這代表四維或更多維度對人類祖先的生存或繁衍沒有價值。會這樣也不足為奇，畢竟我們生活在三維空間中，很難想像真正無限大的空間、永恆或其他形而上的概念。就算能理解這些詞的意義，也沒辦法想像，因為我們的腦已經習慣處理這個世界有限的空間和時間。

Q 真的有第四度空間嗎？

A 我們熟悉的空間是三維的，只要經度、緯度和高度這三個數字就能標定位置，而周圍物體也是三維，分別用長度、寬度和高度來描述。幾千年來，第四度空間一直都被視爲荒謬，畢竟這個維度要用來描述什麼？18世紀中期，法國數學家尙·達朗貝爾（Jean le Rond d'Alembert）曾指出第四度空間可能是時間，但直到20世紀愛因斯坦提出描述宇宙的新方式，這個說法才被認眞看待。愛因斯坦描述宇宙的方式不是位置而是事件，所以會需要四個數字，三個說明事件發生的位置，一個說明發生時間。把宇宙視爲四維時空的效用相當強大，而且爲解釋宇宙和各種作用力帶來許多深入見解。舉例來說，依據愛因斯坦的理論，重力可以理解爲時空受物質影響而變形的結果。這也促使理論學者研究更多維度的概念，有些理論探討的維度甚至多出六個，全部糾結在一起，無法直接觀察。如果眞的如此，理論指出大型強子對撞機產生的新次原子粒子或許能透露其他維度的存在線索，不過目前還看不出徵兆。

Q 直線是人類發明的嗎？

A 或許有人會說，世界上沒有直線這種東西，因爲萬物如果放大觀察，全都是不規則的。卽使是雷射光束也會略微彎曲，因爲光會受地球重力場影響而彎曲。但如果把定義放鬆一點，改成「人眼看來是直的東西」，那麼自然界中就有許多直線了，包括岩石分層、樹幹、晶體邊緣以及蜘蛛絲等。我們特別喜愛直線是因爲宇宙有個基本性質，就是「兩點間最短的距離是直線」。大自然也遵守這個法則，舉例來說，蜘蛛結網時就是讓蜘蛛絲走最短路徑。曲線在自然界中確實相當常見，但許多曲線其實是把上述原理擴展到三維空間。體積相同時，表面積最小的立體形狀是球體，所以水分子之間的鍵結使雨滴結成球形，細胞也是圓形，以便縮小所需的細胞膜量。

Q 為什麼水和電是致命組合？

A 水本身並不特別容易導電，問題出在水中溶解的化學物質。比方說，海水中的鹽含量使其導電效率是超純水的100萬倍。即便如此，微量的水也可能傳遞高電壓而使人致命，例如人們因為使用剛斷掉的樹枝移動帶電電纜而死亡。

Q 物體碰撞時怎麼產生聲音？

A 聲音簡單來說，就是穿透水或空氣等傳播介質的壓力波，它的強度取決於物質分子被壓力波震盪得有多猛烈，比方說葉子落到地面，其衝擊力對周遭空氣分子注入的能量相對較小，因此它們就不會位移太多，但當兩個質量大且移動快速的物體碰撞時，就可能發出震耳欲聾的噪音。

Q 一公克有多重？

A 200多年來，公斤一直是質量的國際標準單位，但曾經有另一個標準單位是公斤的千分之一，也就是公克。1791年一群法國知名學者選擇公克這個單位，定義為一立方公分蒸餾水在攝氏四度時的質量。水在這個溫度時的密度最大，因此是一立方公分水的最大可能質量。一公克質量雖然在科學上相當簡潔明瞭，但實在太小，和一顆杏仁差不多，所以很快就被批評為在商業上不實用。到了1799年，法國改用公斤，定義方式是一塊鉑銥合金的質量。這個定義一直沿用到2018年，才被其他更精密的定義取代。

Q 世界上存在二維的東西嗎？

A 現實中並沒有任何物體是真正的零厚度，因為構成物體的原子還是有體積。但仍有東西非常接近二維，也就是「單分子層」（monolayer）。單分子層只有一個分子厚（相當於幾億分之一公分薄）。大家最熟悉的就是地面積水上的油膜單分子層，這種油膜薄到可以把光線分光成原色。

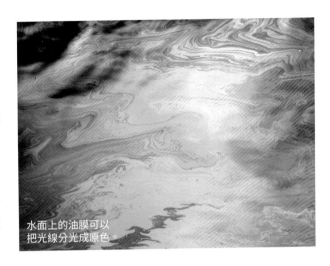
水面上的油膜可以把光線分光成原色。

Q 尚未解答的數學難題中，哪題最簡單？

A 如果「最簡單」的意思是指最容易解釋，那麼大概是「孿生質數猜想」，就連小學生也能明白這個問題。然而到目前為止，世界最厲害的數學家也無法證明這個猜想。

質數是建構每個整數的基石，所有數字若不是質數本身，就是可以分解成獨一無二的質數相乘組合。當你寫下質數（2、3、5、7、11、13、17、19……），就會出現兩個模式：首先是質數會變得越來越稀少，從1到100之間25%數字是質數，然而從1到10億之間只有5%是質數。儘管如此，像是3跟5、29跟31、41跟43，這些只相差2的「孿生質數」卻似乎源源不絕—這些孿生質數會有窮盡的一天嗎？

2,300多年前，希臘數學家歐幾里得證明質數本身無窮無盡，所以孿生質數似乎也有可能取之不盡，然而卻無法證明，迄今仍令人捉摸不定。數學家目前只能證明存在無限多個兩者間差距不超過246的質數。

Q 羅馬人怎麼用羅馬數字算數？

A 儘管我們對於羅馬人的成就有廣泛認識，但對於他們怎麼用那出了名笨拙的羅馬數字算術，幾乎一無所知。78換成羅馬數字表示，是恐怖的七位字母LXXVIII。羅馬工人若是想要算出一塊長78步、寬37步的面積，要花上大半天才能算出MMDCCCLXXXVI平方步這個數字。他們真的會這樣大費周章嗎？認知科學家的研究指出，儘管羅馬數字看起來很累贅，計算時卻可以拆分為好幾步，相對來說不需要馬上記住繁雜的計算結果。只要練習使用算盤，羅馬人就能算出打造跟維繫帝國所需的數字。

Q 尋找更大的質數有什麼意義？

A 數學界目前已知最大的質數，是在2018年發現。這個質數的代號是M82589933，位數超過2,400萬，發現者是某個跨國電腦玩家團隊的成員。這麼做除了能短暫出名和贏得獎金3,000美元之外，意義似乎不大，因為連古希臘人都知道質數有無限多個。尋找更大的質數只有一個實際作用，就是藉由這個搜尋演算法，讓新型電腦硬體好好發揮運算實力。

Q 「統計顯著」是什麼意思？

A 科學家經常聲稱他們的研究是根據「統計顯著」的結果，包括學者自己在內，許多人認為這代表研究發現的效應確實存在，例如新藥的確可使死亡率降低，而非僥倖。但事實上，這只代表此效應出於僥倖的機率小於5%。統計學家一再警告，這和「效應確實出於僥倖」的機率不同，要解決這個問題，必須評估其結果真實性，然而很少人這麼做。因此，儘管常有人提到統計顯著，它其實無法可靠地證明該效應確實存在。

什麼是數學？

什麼是數學？

我們可以把數學看成是讓生活更輕鬆的工具。如今從我們所用的手機功能，到居住其中的建築結構，數學都是這些事物的基石，不過它是從一件比較基本的事情開始發展的，也就是讓我們能夠記數，諸如「伊尚戈骨」的史前記數棍就是記數最早的證據。這幾根有兩萬年歷史、在中非出土的狒狒骨頭，上面刻有看起來像是記數的刻痕。另一件實用工具是西元七世紀印度數學家婆羅摩笈多正式寫下，用零跟負數進行計算的規則，它為「債務」這種現實生活中的重要概念提供一種量化方式。

伊尚戈骨有20,000年歷史，上頭刻有用來記數的刻痕。

數學是一種語言嗎？

就如傳統語言有字母表、字彙跟文法，數學也有1到9、加號除號等運算子、代數符號、如何正確寫下方程式或計算總和的慣常用法。如今數學已是不分國籍與地理區域的語言，世界「通說」。不過它跟其他語言有一個關鍵差異，那就是數學具有客觀性。2加2永遠等於4，但是語言溝通會隨著人們對其定義和使用方式不同，物換星移產生變化。新的數學發展並不會改寫先前成果，只是讓人們對於這個抽象世界的理解增添一些新的細節罷了。

數學是我們所處的整個現實嗎？

萬物都可以用數學加以描述解釋的想法，可追溯到希臘哲學家畢達哥拉斯的「萬物皆數」。我們如今知道宇宙是按照物理定律運行，而物理定律可用數學加以表達。這使得宇宙學家馬克斯・泰格馬克（Max Tegmark）等人主張，舉凡細胞到粒子、長頸鹿到星系，宇宙的一切不僅可用數學加以描述，而且實際上都由數學構成。其他人則指出，數學還是很難描述人類生活的某些層面，比方說道德、情緒、或是黃色等顏色。

數學與現實之間的真正關係，看來還有一大段爭議要走。

EARTH 016

你不問，還真不知道的為什麼：
BBC生活科學講堂2

作者	《BBC知識》國際中文版	
譯者	甘錫安、高英哲、劉子瑄等	
特約編輯	許嘉紜	
總編輯	辜雅穗	
總經理	黃淑貞	
發行人	何飛鵬	
法律顧問	台英國際商務法律事務所　羅明通律師	
出版	紅樹林出版	
	臺北市中山區民生東路二段141號7樓	
	電話：(02) 2500-7008　傳真：(02) 2500-2648	
發行	英屬蓋曼群島商家庭傳媒股份有限公司城邦分公司	
	聯絡地址：台北市中山區民生東路二段141號B1	
	書虫客服專線：(02) 25007718、(02) 25007719	
	24小時傳真專線：(02) 25001990、(02) 25001991	
	服務時間：週一至週五 09:30-12:00、13:30-17:00	
	郵撥帳號：19863813　戶名：書虫股份有限公司	
	讀者服務信箱 email：service@readingclub.com.tw	
	城邦讀書花園：www.cite.com.tw	
香港發行所	城邦（香港）出版集團有限公司	
	地址：香港灣仔駱克道193號東超商業中心1樓	
	email：hkcite@biznetvigator.com	
	電話：(852) 25086231　傳真：(852) 25789337	
馬新發行所	城邦（馬新）出版集團 Cité(M)Sdn. Bhd.	
	41, Jalan Radin Anum, Bandar Baru Sri Petaling,	
	57000 Kuala Lumpur, Malaysia.	
	電話：(603) 90578822　傳真：(603) 90576622	
	email：cite@cite.com.my	
封面設計	葉若蒂	
印刷	卡樂彩色製版印刷有限公司	
內頁排版	葉若蒂	
經銷商	聯合發行股份有限公司	
	客服專線：(02)29178022　傳真：(02) 29158614	

2021年（民110）5月初版
Printed in Taiwan
定價420元
著作權所有・翻印必究
ISBN　978-986-97418-8-0

BBC Worldwide UK Publishing
Director of Editorial Governance　Nicholas Brett
Publishing Director　Chris Kerwin
Publishing Coordinator　Eva Abramik
UK.Publishing@bbc.com
www.bbcworldwide.com/uk--anz/ukpublishing.aspx

Immediate Media Co Ltd
Chairman　Stephen Alexander
Deputy Chairman　Peter Phippen
CEO　Tom Bureau
**Director of International
Licensing and Syndication**　Tim Hudson
International Partners Manager　Anna Brown

UK TEAM
Editor　Paul McGuiness
Art Editor　Sheu-Kuie Ho
Picture Editor　Sarah Kennett
Publishing Director　Andrew Davies
Managing Director　Andy Marshall

BBC Knowledge magazine is published by Cite Publishing Ltd.,
under licence from BBC Worldwide Limited, 101 Wood Lane,
London W12 7FA.
The Knowledge logo and the BBC Blocks are the trade marks
of the British Broadcasting Corporation. Used under licence.
(C) Immediate Media Company Limited.　All rights reserved.
Reproduction in whole or part prohibited without permission.

國家圖書館出版品預行編目(CIP)資料

你不問，還真不知道的為什麼：BBC生活科學講堂2／《BBC知識》
國際中文版作；甘錫安、高英哲、劉子瑄等譯. -- 初版. -- 臺北市：紅
樹林出版：英屬蓋曼群島商家庭傳媒股份有限公司城邦分公司發行，
民110.05
　面；　公分. -- (Earth；16)
ISBN 978-986-97418-8-0(平裝)
1.科學 2.問題集

302.2　　　　　　　　　　　　　　　　　110006079